BIANDIANZHAN SHEBEI JIANKONG GAOJING XINXI FENXI

变电站设备监控告警信息分析

皮志勇　郭卫国　王　强　杜松峰　罗皓文　编　著

U0246562

中国电力出版社
CHINA ELECTRIC POWER PRESS

内 容 提 要

为适应变电站无人值守新形势，提高变电站运维技术水平和运行管理水平，各地区陆续开展和实施了无人值守变电站及监控中心的建设及改造，本书围绕变电站实际生产工作，对站内一、二次设备及辅助设备频发信号进行梳理分析，为国家电网有限公司各级调控机构在电网事故、异常等情况下的监控信息处置提供依据。

全书分为 8 章，分别是变电站设备监控信息概述，变压器、断路器、其他一次设备、交直流设备、保护装置、安全自动装置、自动化装置监控告警信息分析，并包含一次设备图库和二次设备图库两个附录。

本书实用性强，可作为自动化专业监控运行人员对监控信息开展现场验收工作的指导手册，也可以作为自动化专业培训的基础教材。

图书在版编目（CIP）数据

变电站设备监控告警信息分析 / 皮志勇等编著. —北京：中国电力出版社，2018.9
ISBN 978-7-5198-2395-5

Ⅰ. ①变…　Ⅱ. ①皮…　Ⅲ. ①变电所–电气设备–报警设备　Ⅳ. ①TM63

中国版本图书馆 CIP 数据核字（2018）第 207832 号

出版发行：中国电力出版社	印　　刷：三河市万龙印装有限公司
地　　址：北京市东城区北京站西街 19 号	版　　次：2018 年 9 月第一版
邮政编码：100005	印　　次：2018 年 9 月北京第一次印刷
网　　址：http://www.cepp.sgcc.com.cn	开　　本：787 毫米×1092 毫米　横 16 开本
责任编辑：周秋慧（010-63412627　qiuhui-zhou@sgcc.com.cn）	印　　张：13.75
责任校对：黄　蓓　常燕昆	字　　数：287 千字
装帧设计：左　铭	印　　数：0001—2000 册
责任印制：邹树群	定　　价：60.00 元

前　言

近年来，随着科技的不断进步及管理体制的不断优化，电力工业生产模式正在发生重大变革。为适应变电站无人值守新形势，提高变电站运维技术水平和运行管理水平，各地区陆续开展和实施了无人值守变电站及监控中心的建设及改造。传统变电站设备运行监视业务被纳入调控机构统一管理，海量的监控信息及各异的命名编号给监控运行人员带来了极大的困扰。为此，国家电网公司陆续发布了 35～1000kV 变电站典型监控信息表，并编制形成了 Q/GDW 11398—2015《变电站设备监控信息规范》（简称《规范》）。

为了进一步方便监控运行人员理解《规范》中提及的术语及信息含义，本书围绕变电站实际生产工作，对站内一、二次设备及辅助设备频发信号进行梳理分析，为国家电网有限公司各级调控机构在电网事故、异常等情况下的监控信息处置提供依据。

全书分为 8 章，分别是变电站设备监控信息概述，变压器、断路器、其他一次设备、交直流设备、保护装置、安全自动装置、自动化装置监控告警信息分析。全书对变电站 35 类设备的告警信息进行了逐一分析，分别从信息含义、触发原因、风险分析及预控措施四个方面展开论述，明确了告警分级及处理要求。书中还收集了大量变电站设备照片及二次回路原理图，以图文并茂的形式清晰展现了设备告警信息触发全过程，为变电站集中监控的安全可靠提供技术支持。

本书实用性强，可作为自动化专业监控运行人员对监控信息开展现场验收工作的指导手册，也可作为自动化专业培训的基础教材。

由于编者水平有限，书中难免存在疏漏之处，恳请广大读者批评指正。

编　者

2018 年 8 月

目　录

变电站设备监控信息概述

为满足集中监控需要，接入智能电网调度控制系统的一次设备、二次设备及辅助设备监视和控制信息，按业务需求分为设备运行数据、设备动作信息、设备告警信息、设备控制命令、设备状态监测信息五部分。

设备运行数据主要包括反映一次设备、二次设备运行工况的量测数据和位置状态。一次设备量测数据反映电网和设备运行状况的电气和非电气变化量，如有功、无功、电流、线路电压等。有功和无功参考方向以母线为参照对象，如送出母线为正值，则Ⅰ段母线送Ⅱ段母线、Ⅱ段母线送Ⅲ段母线、正母线送入副母线为正值；反之为负值。电容器、电抗器的无功的参考方向以该一次设备为参照对象，送出该一次设备为正值，反之为负值。对于非3/2接线的连接两条母线的断路器，潮流方向则以正母线送副母线、Ⅰ段母线送Ⅱ段母线为正值，反之为负值。二次设备量测数据反映设备运行状况的电气和非电气变化量，如继电保护及安全自动装置运行定值区号。位置状态分为一次设备位置和二次设备位置。一次设备位置状态反映电网和设备运行状况的状态量，如断路器位置、隔离开关位置、接地开关位置。断路器位置信号应采集动合、动断节点信息，隔离开关、接地开关等位置信号宜采集动合、动断节点信息，并形成双位置信号上送调度控制系统；分相操动机构断路器除采集总位置信号外，还应采集断路器的分相位置信号，其中总位置信号应采用分相位置信号串联，由断路器辅助触点直接提供。二次设备位置状态反映二次设备压板投退等运行状况的状态量，如软压板位置、充电状态等。

设备动作信息主要包括变电站内断路器、继电保护和安全自动装置等设备或间隔的动作信号及相关故障录波（报告）信息。继电保护及安全自动装置应提供动作出口总信号，对于需区分主保护和后备保护的，应提供主保护出口总信号；断路器机构动作信号应包括机构三相不一致跳闸，间隔事故信号应选择断路器合后位置与分闸位置串联生成；全站事故总信号应将各电气间隔事故信号逻辑或组合，采用"触发加自动复归"方式形成全站事故总信号；故障录波格式应满足 GB/T 22386—2008《电力系统暂态数据交换通用格式》要求，包括但不限于故障录波装置稳态录波文件、故障启动录波文件、故障录波定值等信息。

设备告警信息主要包括一次设备、二次设备及辅助设备的故障和异常信息，按对设备影响的严重程度多少分为设备故障、设备异常两类，装有在线监测的设备，还应包括在线监测装置的告警信息。设备故障分一次设备故障和二次设备故障。一次设备故障是指一次设备发生缺陷造成无法继续运行或正常操作的情况。二次设备及辅助设备故障是指设备（系统）因自身、辅助装置、通信链路或回路原因发生重要缺陷、失电等引起设备（系统）闭锁或主要功能失去的情况。故障总信号应采用硬触点信号形式提供，采用瞬动触点，故障发生时动作，消失时自动复归，故障具体信号可由设备软报文信号实现。设备异常可分为一次设备异常和二次设备异常。一次设备异常是指一次设备发生缺陷造成设备无法长期运行或性能降低的情况。二次设备及辅助设备异常是指设备自身、辅助装置、通信链路或回路原因发生不影响主要功能的缺陷。

设备控制命令包括一次设备、二次设备单一遥控、遥调操作以及程序化操作命令。遥控操作是对指定设备的一种或两种运行状态进行远程控制。如断路器合/分、变压器分接头升/降，急停、电容器、电抗器投/切、重合闸软压板投/退、备自投软压板投/退。

设备状态监测信息主要包括状态监测量测数据和告警信息。状态监测量测数据分为输电设备状态监测量测信息、变电设备状态监测量测信息。输电设备状态监测量测信息主要包括架空线路微气象信息、杆塔倾斜信息（如风速、风向、气温、湿度、气压、光辐射强度、降水强度、杆塔倾斜度、电缆护层电流、护层电流/运行电流等信息）。变电设备状态监测量测信息要包括变压器/电抗器油中溶解气体监测（如氢气、一氧化碳、二氧化碳、甲烷、乙烯、乙炔、乙烷、总烃含量），变压器/电抗器套管、电压互感器（TV）、电流互感器（TA）等绝缘监测（如电容量、介质损耗因数、全电流），金属氧化物避雷器泄漏电流检测（如全电流、阻性电流）。

五类信息可通过硬触点、软报文、调控直采、告警直传、远程调阅等方式进行上传。硬触点信号（signal by contact）指一次设备、二次设备及辅助设备以电气触点方式接入测控装置或智能终端的信号。软报文信号（signal by message）指一次设备、二次设备及辅助设备自身产生并以通信报文方式传输的信号。调控直采（transparent transmittal）指变电站监控系统和调度控制系统通过建立通信索引表，采用标准通信协议进行数据交互的方式。告警直传（alarm direct transmittal）指变电站监控系统将本地告警信息转换为带站名和设备名的标准告警信息，向调度控制系统传输。远程调阅（remote access）指调度控制系统通过变电站监控系统以远程召唤方式获取所需的变电站数据和文件。

1.1　设备监控信息告警分级

监控告警是监控信息在调度控制系统、变电站监控系统对设备监控信息处理后在告警窗出现的告警条文，是监控运行的主要关注对象，按对电网和设备影响的轻重缓急程度分为事故、异常、越限、变位和告知五级。

事故信息是由于电网故障、设备故障等，引起开关跳闸（包含非人工操作的跳闸）、保护及安控装置动作出口跳合闸的信息以及影响全站安全运行的其他信息。是需实时监控、立即处理的重要信息。主要包括全站事故总信息，单元事故总信息，各类保护、安全自动装置动作出口信息，开关异常变位信息。

异常信息是反映设备运行异常情况的报警信息和影响设备遥控操作的信息，直接威胁电网安全与设备运行，是需要实时监控、及时处理的重要信息。主要包括一次设备异常告警信息，二次设备、回路异常告警信息，自动化、通信设备异常告警信息，其他设备异常告警信息。

越限信息是反映重要遥测量超出报警上下限区间的信息。重要遥测量主要有设备有功、无功、电流、电压、主变压器油温、断面潮流等，是需实时监控、及时处理的重要信息。

变位信息特指开关类设备状态（分、合闸）改变的信息。该类信息直接反映电网运行方式的改变，是需要实时监控的重要信息。

告知信息是反映电网设备运行情况、状态监测的一般信息。主要包括隔离开关、接地开关位置信息、主变压器运行档位，以及设备正常操作时的伴生信息（如保护压板投/退，保护装置、故障录波器、收发信机的启动、异常消失信息，测控装置就地/远方等）。该类信息需定期查询。

1.2　设备监控信息基本要求

设备监控信息应全面完整。设备监控信息应涵盖变电站内一次设备、二次设备及辅助设备，采集应完整准确、描述应简明扼要，满足无人值守变电站调控机构远方故障判断、分析处置要求。设备监控信息应描述准确。设备编号和信息命名应满足 DL/T 1624—2016《电力系统厂站和主设备命名规范》和 DL/T 1171—2012《电网设备通用数据模型命名规范》的要求，信息描述准确、含义清晰，不引起歧义。

设备监控信息应稳定可靠。不上送干扰信号，不误发告警信号，不受单个设备故障、失电等因素影响而失去全站监视；上送调控机构监控信息应有合理的校验手段和重传措施，不因通信干扰造成监控信息错误。

设备监控信息应源端规范。继电保护及安全自动装置、测控装置、合并单元、智能终端等二次设备应优先通过设备自身形成其监控信息，以降低对外部设备依赖，实现监控信息的源端规范。变压器、断路器等一次设备智能化后，应在源端形成其设备监控信息。

设备监控信息应上下一致。变电站监控系统监控主机应完整包含上送调度控制系统的设备监控信息，且内容、名称、分类保持一致。设备监控信息应接入便捷。调度控制系统和变电站设备监控信息传输方式可采用调控直采、告警直传、远程调阅等方式，灵活适应不同类别设备监控信息接入要求，并可根据实际需要调整。

1.3　设备监控信息传输

调控机构和变电站之间各类信息的传输可分为调控直采、告警直传和远程调阅三类，调控机构应综合应用上述方式，满足电网和设备监视、分析、决策、处置和控制要求。宜采用调控直采方式传输的信息包括设备运行数据、设备动作信号、设备故障总信号、异常总信号、状态监测量测数据。可采用告警直传方式传输的信息包括设备故障总信号、异常总信号、其他设备告警信息、状态监测告警信息。

调度控制系统可通过远程调阅方式获取变电站故障录波文件、故障报告、监控系统历史数据、设备日志文件，并能根据数据所属设备（或设备组合）、时间等进行筛选。

告警直传方式上送的告警条文格式应符合 Q/GDW 11207—2014《电力系统告警直传技术规范》的要求。

设备检修或数据无效时，相关监控信息应带品质位上送，避免与正常数据混淆。监控信息上送遵循"重要单列，次要合并"的原则，同一设备主要信息应单独上送，次要信息可以合并，合并后的信息应能正确反映被合并信息所要描述的内容，不同设备相同信息不宜合并。

1.4　设备监控信息综合处理

调度控制系统应建立一次设备、二次设备模型，信息应实现关联，满足监控信息综合分析决策和处置要求。

设备操作过程中产生的可短时复归的伴生信息（如弹簧未储能、控制回路断线等）和设备正常运行时产生的伴生信息（如油泵启动、故障录波启动等），调度控制系统宜采用延时计次等措施进行优化。优化后仍在调度控制系统告警窗出现的，应将告警级别提升。

上送实时监视信息，不论采用调控直采还是告警直传方式，调度控制系统均应具备对实时监视信息分类检索、置牌屏蔽、按类组合、统计分析等功能。

调度控制系统应具备监控信息分类统计的功能，可按照不同电压等级变电站、各级调控管辖范围、"五级"告警（事故、异常、越限、变位、告知）进行统计汇总排序。

调度控制系统应通过关联设备台账、检修计划、设备缺陷记录，实现频发、误发、漏发信息设备挖掘功能。

第2章

变压器设备监控告警信息分析

　　变压器告警信息主要反映变压器本体、冷却器、有载调压机构、在线滤油装置等重要部件的运行状况和异常、故障情况，并包括变压器本体和有载调压装置非电量保护的动作信息。表内告警分级依据 Q/GDW 11398—2015《变电站设备监控信息规范》，缺陷分类依据《调度集中监控告警信息相关缺陷分类标准（试行）》（调监〔2013〕300 号）。

2.1　冷却器告警信息

信息名称	告警分级	缺陷分类	信息原因	风险分析及预控措施
变压器冷却器全停跳闸	事故	危急	强迫油循环变压器，在冷却系统两路电源消失或者冷却器全部故障的情况下，直接经延时或经温度延时跳开主变压器各侧开关。 冷控失电固定延时跳闸软压板　&　T_1 冷控失电　&　T_2　≥1　冷控失电跳闸 冷控失电软压板　& 油温高　≥1 冷控失电经油温高闭锁软压板 图1　变压器冷却器全停跳闸逻辑图	风险分析：根据《国家电网公司安全事故调查规程（2017修正版）》第 2.2.7.1 条规定，变压器冷却器全停跳闸可达七级及以上电网事件。 预控措施： （1）强油循环风冷变压器在运行中，当冷却系统发生故障切除全部冷却器时，变压器在额定负载下可运行 20min。20min 以后，当油面温度尚达到 75℃时，冷却器全停的最长运行时间不超过 1h。 （2）主站报该信号后，监控人员应立即通知运维人员到现场检查变压器冷却器系统，防止跳主变压器各侧开关

信息名称	告警分级	缺陷分类	信息原因	风险分析及预控措施
变压器冷却器全停告警	异常	危急	强迫油循环的冷却系统配置两路相互独立的电源，并具有自动切换功能。造成变压器冷却器全停原因包括两路进线电源存在失压、欠压等故障，切换方式置为手动方式且运行电源回路存在故障，自动切换装置故障。 图2 变压器冷却器电源切换原理图	风险分析：变压器冷却器全停后存在主变压器三侧开关跳闸风险。 预控措施： （1）变压器冷却系统的工作电源应有三相电压监测，任一相故障失电时，应保证自动切换至备用电源供电。强迫油循环变压器冷却器系统两路进线电源应具备独立的电源监视功能，能可靠反映并发告警信号。 （2）监控人员工作时定期检查变电站站用电的电压参数，防止冷却器因进线电源失压造成冷却器全停。 （3）监控人员具备冷却器系统全停跳主变压器各侧开关的预控措施

信息名称	告警分级	缺陷分类	信息原因	风险分析及预控措施
变压器冷却器故障	异常	严重	变压器冷却器故障主要包括单个或多个冷却器风扇故障、油泵故障、控制装置故障。 图3 变压器冷却器设备安装图	风险分析： （1）存在因单个冷却器风扇故障引起冷却器全停风险。 （2）冷却装置部分故障时，变压器的允许负载和运行时间参考制造厂规定，防止主变压器超高温运行。 预控措施： （1）主站报该信号后，监控人员应立即通知运维人员到现场检查变压器冷却器系统，防止引起冷却器全停事件。 （2）该缺陷未处理前，监控人员应加强主变压器温度和负荷的监视，防止变压器超高温运行
变压器辅助冷却器投入	告知	一般	变压器冷却器系统将一组冷却器风扇置于"辅助"位置，当主变压器温度较高时（一般整定为65℃），冷却器系统自动将辅助冷却器组投入	风险分析：辅助冷却器投入后，说明主变压器运行温度较高。 预控措施：加强对主变压器温度的监视，防止主变压器超高温运行
变压器备用冷却器投入	异常	一般	变压器冷却器系统将一组冷却器风扇置于"备用"位置，当运行的冷却器组因故障跳闸后，冷却器系统自动将备用冷却器组投入 图4 变压器冷却器控制柜面板图	风险分析： （1）备用冷却器投入后，说明运行冷却器组存在故障，存在因单个冷却器风扇故障引起冷却器全停风险。 （2）备用冷却器投入后，存在主变压器超高温运行风险。 预控措施： （1）主站报该信号后，监控人员应立即通知运维人员现场核实运行冷却器故障原因，及时处理。 （2）冷却器故障未处理前，加强对主变压器负荷及温度的监视

信息名称	告警分级	缺陷分类	信息原因	风险分析及预控措施
变压器冷却器第一（二）组电源故障	异常	严重	变压器冷却器第一（二）组电源故障包括工作电源或控制电源故障，当两路工作电源都正常时，两路电源只有一路工作，另一路电源处于备用状态，一路发生故障时或电压降低时，自动切换至另一备用电源	风险分析：变压器冷却器第一（二）路电源故障，存在冷却器全停风险。 预控措施：主站报该信号后，监控人员应立即通知运维人员现场核实运行冷却器电源故障原因，及时处理

2.2　本体告警信息

信息名称	告警分级	缺陷分类	信息原因	风险分析及预控措施
变压器本体重瓦斯出口	事故	危急	GB/T 14285—2006《继电保护和安全自动装置技术规程》第 4.3.2 条规定：0.4MVA 及以上车间油浸式变压器和 0.8MVA 及以上油浸式变压器，均应装设瓦斯保护。当变压器因内部故障产生大量瓦斯时，应瞬时动作于断开变压器各侧断路器。 图 5　变压器本体重瓦斯安装图	风险分析：根据《国家电网公司安全事故调查规程（2017修正版）》第 2.2.7.1 条规定，变压器本体重瓦斯出口，跳主变压器三侧开关，可达七级及以上电网事件。 预控措施： （1）气体继电器内应充满油，油色应为淡黄色透明，无渗油。 （2）瓦斯保护应采取措施，防止因气体继电器的二次线故障、振动等引起瓦斯保护误动作。 （3）变压器在运行中滤油、补油、换潜油泵或更换净油器的吸附剂时，应将重瓦斯改接到信号

信息名称	告警分级	缺陷分类	信息原因	风险分析及预控措施
变压器本体轻瓦斯告警	异常	严重	变压器气体继电器有两副触点，彼此间完全隔离，一副用于轻瓦斯，一副用于重瓦斯。当变压器本体内部故障产生轻微瓦斯或油面下降，应瞬时动作信号	风险分析：如果轻瓦斯动作发信且发信间隔时间逐次缩短，存在变压器内部故障正在发展的风险。 预控措施： （1）轻瓦斯动作发信时，应立即对变压器进行检查，查明动作原因。 （2）变压器发生轻瓦斯频繁动作发信时，应注意检查冷却装置油管路渗漏
变压器本体压力释放告警	异常	危急	变压器的压力释放阀在变压器正常工作时，保护变压器油与外部空气隔离，变压器一旦发生短路故障，变压器绕组将发生电弧和火花，使变压器油在瞬间产生大量气体，油箱内的压力增加，当压力达到54kPa时，压力释放阀在2ms内开启，当压力达到29kPa时自动关闭。压力释放阀触点宜作用于信号 图6　变压器压力释放阀安装图	风险分析：当采取压力释放阀接投跳闸后，由于产品质量、装置密封不良进水受潮、二次线绝缘等原因主变压器开关跳闸造成七级及以上电网事件。 预控措施： （1）定期检查释放阀微动开关的电气性能是否良好，连接是否可靠，避免误发信。 （2）采取有效措施防潮防积水。 （3）结合变压器大修应做好压力释放阀的校验工作

信息名称	告警分级	缺陷分类	信息原因	风险分析及预控措施
变压器本体压力突变告警	异常	危急	突变压力继电器通过一蝶阀安装在变压器油箱侧壁上，与储油柜中油面的距离为 1～3m。突变压力继电器宜投信号，突变压力继电器动作压力值一般为 25kPa	风险分析：当变压器内部发生故障，油室内压力突然上升，压力达到动作值时，主变压器开关跳闸造成七级及以上电网事件。 预控措施： （1）突变压力继电器必须垂直安装，放气塞在上端。 （2）防止突变压力继电器的二次线故障、振动等引起误动作
变压器本体油温高告警	异常	危急	DL/T 572—2010《电力变压器运行规程》第 3.1.5 条规定：1000kVA 及以上的油浸式变压器、800kVA 及以上的油浸式和 630kVA 及以上的干式厂用变压器，应将信号温度计接远方信号。自然循环自冷、风冷顶层油温不超过 95℃，强迫油循环风冷顶层油温不超过 85℃，强迫油循环水冷顶层油温不超过 70℃	风险分析：主变压器高温运行，加快变压器老化，严重时损坏变压器。 预控措施： （1）变压器本体油温高告警后应立即通知运维人员检查变压器的负载和冷却介质的温度，并与一同负载和冷却介质下正常的温度核对。 （2）检查主变压器冷却装置或主变压器通风情况
变压器本体绕组温度高告警	异常	危急	绕组温度表主要是在一个油温表的基础上，配备一台电流匹配器和一个电热元件，通过变压器 TA 取出的与负荷成正比的电流，经电流补偿器调整后，通过嵌装在弹性元件内的电热元件，电热元件产生热量，使弹性元件的位移量增大。因此，在变压器带上负荷后，弹性元件的位移量是由变压器顶层油温和变压器的负荷电流两者所共同决定，变压器绕组温度计指示的温度是变压器顶层油温与绕组对油的温升之和	风险分析：绕组热点温度达到危险的程度，使绝缘强度暂时下降。 预控措施： （1）检查冷却器、变压器室通风装置是否正常。 （2）检查是否由于过负荷引起，按变压器过负荷规定处理

信息名称	告警分级	缺陷分类	信息原因	风险分析及预控措施
变压器本体油位异常	异常	严重	变压器油温是随着负荷和环境温度的变化而变化，油温的变化带来的是变压器油体积的变化，储油柜油位计指示也会随之发生相应的变化。储油柜的容积一般为变压器油量的10%，应能满足在最高环境温度下满负荷运行时不溢出；在最低环境温度变压器停止运行时储油柜内有一定油量	风险分析：油位会出现一些异常现象，可能会发出最高和最低油位报警及轻、重瓦斯动作等现象，影响安全运行。油位异常故障归纳起来主要有假油位和油位过高、过低现象。 预控措施： （1）变压器本体油位发异常信号后，立即通知运维人员现场核实主变压器油位。 （2）若出现假油位时，现场可通过液位平衡法或红外测温法等其他方法测量油位，再利用设备上的油温油位曲线判断油位表指示是否正确。 （3）若油位较低应通知检修人员补充油

2.3 有载调压机构告警信息

信息名称	告警分级	缺陷分类	信息原因	风险分析及预控措施
变压器有载重瓦斯出口	事故	危急	变压器有载重瓦斯出口与本体重瓦斯保护的设备不同，本体重瓦斯是保护本体油箱范围内的设备，有载重瓦斯是保护调压装置的，两个油箱是独立的。当调压装置内部发生故障，变压器有载重瓦斯保护动作后，跳各侧断路器	风险分析：根据《国家电网公司安全事故调查规程（2017修正版）》第 2.2.7.1 条规定，变压器有载重瓦斯出口，跳主变压器各侧开关，可达七级及以上电网事件。 预控措施： （1）综合变压器各部位检查结果和继电保护装置动作信息，分析确认由于调压开关内部故障造成调压重瓦斯保护动作，快速隔离故障变压器。 （2）检查有载调压重瓦斯保护动作前，调压开关分接开关是否进行调整，统计调压开关近期动作次数及总次数。 （3）确认变压器内部无故障后，应查明有载调压重瓦斯保护是否误动及误动原因

信息名称	告警分级	缺陷分类	信息原因	风险分析及预控措施
变压器有载轻瓦斯告警	异常	一般	变压器有载气体继电器有两副触点，一副用于轻瓦斯，一副用于重瓦斯。当变压器调压箱内故障产生轻微瓦斯或油面下降，应瞬时动作信号	风险分析：轻瓦斯动作发信时，存在聚集空气、油位降低、二次回路故障、变压器内部故障等风险。 预控措施： （1）新投运变压器运行一段时间后缓慢产生的气体，如产生的气体不是特别多，一般可将气体放空即可，有条件时可做一次气体分析。 （2）经检测气体继电器内的气体为无色、无臭且不可燃，色谱分析判断为空气，则变压器可继续运行，并及时消除进气缺陷
变压器有载压力释放告警	异常	危急	当变压器调压箱内部发生故障时，变压器油被汽化，产生大量的气体，同时由于变压器油箱内油的体积急剧膨胀，使变压器油箱内部压力迅速上升。当变压器油箱内部压力升高到变压器压力释放阀设定的压力时，变压器有载压力释放阀微动开关迅速闭合，同时变压器压力释放阀在 2ms 内立即打开，使变压器油箱内的压力急剧下降	同"变压器本体压力释放告警"
变压器有载油位异常	异常	严重	变压器有载储油柜的油位是否正常是判断变压器有载调压开关是否正常运行的重要因素之一，油位过高或过低都会影响变压器的正常稳定运行，并发变压器有载油位异常信号 图 7　变压器有载调压开关储油柜油位图	风险分析：变压器有载油位过高油位过高，会造成变压器油溢出，油位过低可能会引起变压器有载调压引线部分暴露在空气中，使绝缘强度降低，造成内部闪络的风险。 预控措施： （1）发"变压器有载油位异常"信号后，立即通知运维人员现场核实主变压器有载油位。 （2）若存在假油位的现象，可通过红外测温法等核定有载调压储油柜的油位

信息名称	告警分级	缺陷分类	信息原因	风险分析及预控措施
变压器过载闭锁有载调压	异常	一般	主变压器负荷达到额定电流的80%时，闭锁调压保护动作，切断调压回路闭锁调压开关动作，来保护变压器不至于发生故障	风险分析：变压器过载时调节变压器的档位，存在烧坏有载调压开关触头，有载调压箱体内产生瓦斯，使得瓦斯继电器动作的风险。 预控措施： （1）"四遥"测试时应认真核对该信号。 （2）发"变压器过载闭锁有载调压"信号后，监控人员应检查主变压器负荷情况
变压器有载调压调档异常	异常	危急	有载分接开关可以在变压器带有负载的运行状态下改变分接位置，达到不停电改变变压比调整运行电压的目的。 变压器有载调压调档异常有：① 调压开关拒动；② 有载分接开关机械故障。③ 有载分接开关失步	风险分析：若有载调压切换开关在切换中长时间停止在某一中间位置，会使过渡电阻因长期通电而过热，有调压气体继电器动作，跳变压器各侧开关的风险。 预控措施：发"变压器有载调压调档异常压"信号后，监控人员应检查主变压器负荷情况，并通知运维人员现场核对主变压器的挡位
变压器有载调压电源消失	异常	严重	变压器有载调压装置交流控制电源无电压，控制回路不能动作；或动力电源有一相无电压，电动机缺相引起过电流使电源空气开关跳闸	风险分析：变压器有载调压电源消无法远方调压；在调压过程中电源空气开关跳闸，造成主变压器在过渡档位运行，造成过渡电阻因长期通电而过热，有调压气体继电器动作，跳变压器各侧开关的风险。 预控措施：发"变压器有载调压电源消失"信号后，监控人员应立即通知运维人员现场检查有载调压电源

断路器设备监控告警信息分析

断路器设备告警信息主要包含断路器灭弧室、操动机构、控制回路等各重要部件信息，用以反映断路器设备的运行状况和异常、故障情况。断路器应采集电流信息。

3.1 SF_6 断路器告警信息

信息名称	告警分级	缺陷分类	信息原因	风险分析及预控措施
SF_6 断路器气压低告警	异常	严重	SF_6 断路器利用 SF_6 气体密度继电器（气体温度补偿压力开关）监视气体压力的变化。当 SF_6 气压降至第一报警值时，密度继电器动作，发出"SF_6 压力低"信号。 图 8　SF_6 气体密度继电器安装图	风险分析：当 SF_6 气压降至第一报警值时，说明 SF_6 密度达不到正常运行密度，此时断路器灭弧能力降低，断路器开断较大故障电流时有爆炸的风险。 预控措施： （1）若断路器 SF_6 气体压力降至告警值，通知运检人员现场核实，检查压力表指示，确定信号报出是否正确。 （2）若断路器 SF_6 气体压力报警正确，要求检修人员在保证安全的前提下进行补气，必要时对断路器本体及管路进行检漏。 （3）严寒地区检查断路器本体保温措施是否完好

信息名称	告警分级	缺陷分类	信息原因	风险分析及预控措施
SF$_6$断路器气压低闭锁	异常	危急	当 SF$_6$气压降至闭锁值时，密度继电器动作，发出"SF$_6$压力低闭锁"信号，同时伴随发 SF$_6$气体压力低告警、控制回路断线信号	风险分析：当 SF$_6$气压降至闭锁值时，断路器控制回路被闭锁，相当于断路器失灵。若与该断路器有关设备故障时，断路器将拒动，造成越级或失灵保护出口，扩大事故范围。 预控措施：若运行断路器 SF$_6$气体压力降至闭锁值，立即通知运维人员现场核实，并汇报调度人员，按事故预案做好断路器隔离措施

3.2 液压机构断路器告警信息

信息名称	告警分级	缺陷分类	信息原因	风险分析及预控措施
油压低分合闸总闭锁	异常	危急	液压机构的断路器为保证分合闸速度，在分合闸操作前应进行储能，由于储能管道泄漏、储能油泵故障及储能电机和储能控制回路等原因，造成液压机构的储能压力达不到分合闸压力。 图 9　断路器液压操动机构油路示意图	风险分析：发"油压低分合闸总闭锁"信号时，将断路器控制回路切断，同时伴随发"控制回路断线"信号，相当于断路器失灵。若与该断路器有关设备故障时，断路器将拒动，造成越级或失灵保护出口，扩大事故范围。 预控措施： （1）发"油压低分合闸总闭锁"时，监控人员应立即通知运维人员现场核实断路器的油压，查明故障原因，及时处理故障。 （2）运行中储能操动机构压力值降至闭锁值以下时，不能及时处理，应立即断开储能操动电机电源，断开断路器操作电源，按照值班调控人员指令隔离该断路器

信息名称	告警分级	缺陷分类	信息原因	风险分析及预控措施
油压低合闸闭锁	异常	危急	当液压机构的压力降低到合闸闭锁压力时，保护装置发"油压低合闸闭锁"信号，闭锁控制回路的合闸回路	风险分析：运行中（含热备用）断路器液压机构压力降到合闸闭锁压力时，若系统发生故障断路器不能紧急合闸，影响系统安全运行，若压力继续降低，有重合闸、分闸闭锁风险。 预控措施：发"油压低合闸闭锁"时，监控人员应立即通知运维人员现场核实断路器的液压机构压力，查明故障原因，及时处理故障
油压低重合闸闭锁	异常	危急	当液压机构的压力降低到重合闸闭锁压力时，保护装置发"油压低重合闸闭锁"信号，闭锁控制回路的重合闸回路	风险分析：运行中断路器液压机构压力降到重合闸闭锁压力时，若系统发生与该断路器相关设备故障时，断路器可分闸但不能重合，影响系统安全稳定。若压力继续降低，有分闸闭锁风险。 预控措施：发"油压低重合闸闭锁"时，监控人员应立即通知运维人员现场检查断路器液压机构油位是否正常，有无严重漏油现象，及时处理故障
N_2 泄漏告警	异常	一般	监视断路器液压操动机构活塞筒中 N_2 压力情况，当 N_2 压力值低于告警值，压力继电器动作。 原因分析：① 断路器操动机构油压回路有泄漏点，N_2 压力降低到报警值；② 压力继电器损坏；③ 回路故障；④ 根据 N_2 压力温度曲线，温度变化时，N_2 压力值变化	风险分析：如果 N_2 压力继续降低，存在断路器重合闸闭锁、合闸闭锁、分闸闭锁的风险。 预控措施： （1）发"N_2 泄漏告警"信号后，监控人员通知运维人员，根据相关规程处理。了解 N_2 压力值，了解现场处置的基本情况和处置原则。 （2）根据处置方式制定相应的监控措施，及时掌握 N-1 后设备运行情况

信息名称	告警分级	缺陷分类	信息原因	风险分析及预控措施
N_2泄漏闭锁	异常	危急	监视断路器液压操动机构活塞筒中 N_2 压力情况，当 N_2 压力降低至闭锁值时，将使作用在断路器操作传动杆上的力降低，影响断路器的分合闸。 原因分析：① 断路器机构有泄漏点，N_2 压力降低到闭锁值；② 压力继电器损坏；③ 回路故障	风险分析：运行中断路器 N_2 压力降到闭锁时，造成断路器分合闸闭锁，若与该断路器有关设备故障时，则断路器拒动，造成越级或失灵保护出口，扩大事故范围。 预控措施： （1）发"N_2泄漏闭锁"信号后，监控人员应立即通知运维人员到现场检查压力表，检查信号是否正确，是否有泄漏现象。 （2）如果确实压力降低至闭锁值，应上报调度，同时制定隔离措施。 （3）如因压力继电器或回路故障造成误发信号应对回路及继电器进行检查，及时消除故障
油泵打压超时	异常	严重	液压机构油泵打压时间超过厂家规定值。 原因分析：① 液压机构有漏渗现象；② 手动释压阀未关闭到位；③ 储能回路故障、元器件损坏	风险分析：运行中断路器发"油泵打压超时"信号后，打压超时继电器自保持，切断油泵打压回路，若断路器油压较低时，存在断路器合闸闭锁、合闸闭锁、分闸闭锁的风险。 预控措施： （1）通知场检查断路器液压机构的压力、油位是否正常，有无渗漏油现象，手动释压阀是否关闭到位。 （2）解除油泵打压超时自保持后，若电动机运转正常，压力表指示无明显上升，应立即断开电机电源，联系检修人员处理

3.3　气动机构断路器告警信息

信息名称	告警分级	缺陷分类	信息原因	风险分析及预控措施
气压低分合闸总闭锁	异常	危急	监视断路器气动机构空气压力值，反映断路器气动机构情况。由于气动机构气压降低，压力继电器动作，正常应伴有控制回路断线信号。 　　原因分析：① 断路器气动机构气压回路有泄漏，气压降低到分闸闭锁值；② 压力继电器损坏；③ 回路故障；④ 由于温度变化，气压值变化	风险分析：发"气压低分合闸总闭锁"信号时，将断路器控制回路切断，相当于断路器失灵。若与该断路器有关设备故障时，断路器将拒动，造成越级或失灵保护出口，扩大事故范围。 　　预控措施： 　　（1）监控人员立即通知运维人员现场检查气动机构压力值，根据现场情况及事故处理预案，制定处理方案。 　　（2）现场不能及时处置，及时上报调度，核对电网运行方式，隔离该断路器
气压低合闸闭锁	异常	危急	由于气动机构气压降低至合闸闭锁值，压力继电器动作	风险分析：运行中（含热备用）断路器气动机构压力降到合闸闭锁压力时，若系统发生故障断路器不能紧急合闸，影响系统安全运行，若压力继续降低，有重合闸、分闸闭锁风险。 　　预控措施： 　　（1）监控人员立即通知运维人员现场检查气动机构压力值，检查气动机构电源、储能电机运转是否正常，气动操作机构有无漏气现象，排水阀、气水分离器排污阀是否关闭严密。 　　（2）检查二次回路，有无误发信号，及时处理缺陷
气压低重合闸闭锁	异常	危急	由于气动机构气压降低至重合闸闭锁值，压力继电器动作	风险分析：运行中断路器气动机构压力降到重合闸闭锁压力时，若系统发生与该断路器相关设备故障时，断路器可分闸但不能重合，影响系统安全稳定。若压力继续降低，有分闸闭锁风险。 　　预控措施：发"气压低重合闸闭锁"时，监控人员应立即通知运维人员现场检查断路器气动机构压力，有无严重漏气现象，及时处理故障

信息名称	告警分级	缺陷分类	信息原因	风险分析及预控措施
气压打压超时	异常	严重	气动机构气泵打压时间超过厂家规定值。 原因分析：① 气动机构有漏气现象，储气罐气压在规定时间内达不到规定值；② 排水阀、气水分离器排污阀是否关闭严；③ 储能回路故障、元器件损坏	风险分析：运行中断路器发"气压打压超时"信号后，打压超时继电器自保持，切断气泵打压回路，若断路器气压较低时，存在断路器合闸闭锁、合闸闭锁、分闸闭锁的风险。 预控措施： （1）通知运维人员现场检查断路器气动机构的压力是否正常，有无漏气现象，排水阀、气水分离器排污阀是否关闭到位。 （2）解除气泵打压超时自保持后，若电动机运转正常，压力表指示无明显上升，应立即断开电机电源，联系检修人员处理
气泵空气压力高告警	异常	严重	气动机构气泵压力超过厂家规定值。 原因分析：① 气泵压力继电器空气压高整定值整定错误；② 由于温度变化，气压值变化	风险分析：气泵空气压力过高，造成气动机构储气罐及管道承受的气压较大，若气压上升过快，气罐及管道有爆炸的风险。 预控措施： （1）通知运维人员现场检查气动机构的压力值，若压力值确实高于告警值时，判断是否可带电处理，如必须停电处理时，应立即上报调度。 （2）若由于压力继电器或回路故障造成误发信号，应对回路及继电器进行检查，及时消险故障

3.4　弹簧机构断路器告警信息

信息名称	告警分级	缺陷分类	信息原因	风险分析及预控措施
弹簧未储能	异常	危急	弹簧机构断路器通过压缩弹簧，弹簧释放能量时作用在断路器操作传动杆上，从而实现断路器的分合闸。断路器弹簧未储能时，断路器不能合闸。 原因分析：① 断路器储能电机损坏；② 储能电机继电器损坏；③ 电机电源消失或控制回路故障；④ 断路器机械故障。 图 10　断路器弹簧操动机构储能原理图	风险分析：运行中断路器发"弹簧未储能"信号后，热备用的断路器不能紧急合闸，运行中的断路器不能重合，存在电网安全风险。 预控措施： （1）通知运维人员根据相关规程处理，了解现场处理的基本情况和现场处置原则。 （2）根据处理方式制定相应的监控措施

3.5 液簧机构断路器告警信息

信息名称	告警分级	缺陷分类	信息原因	风险分析及预控措施
油压低分合闸总闭锁	异常	危急	同"液压机构断路器告警信息"	同"液压机构断路器告警信息"
油压低合闸闭锁	异常	危急	同"液压机构断路器告警信息"	同"液压机构断路器告警信息"
油压低重合闸闭锁	异常	危急	同"液压机构断路器告警信息"	同"液压机构断路器告警信息"
机构弹簧未储能	异常	危急	同"弹簧机构断路器告警信息"	同"弹簧机构断路器告警信息"
油泵打压启动	异常	一般	同"液压机构断路器告警信息"	同"液压机构断路器告警信息"

3.6 机构异常信号告警信息

信息名称	告警分级	缺陷分类	信息原因	风险分析及预控措施
机构储能电机故障	异常	危急	储能电机在断路器操动机构中主要通过电机的旋转带动储能设备（如液压机构的油泵、气动机构的空气压缩机、弹簧机构的齿轮）进行储能。 原因分析：① 储能电机绕组烧损；② 储能电机绝缘下降，绕组接地；③ 储能电机电源空气开关跳闸	风险分析：运行中断路器发"机构储能电机故障"信号后，储能电机无法正常运行，若断路器操动机构压力较低时，存在断路器合闸闭锁、合闸闭锁、分闸闭锁的风险。 预控措施： （1）通知运维人员检查储能电机及时处理故障。 （2）若操动机构压力较低时，根据其压力值，制定监控方案，严重时应采取措施隔离断路器

信息名称	告警分级	缺陷分类	信息原因	风险分析及预控措施
机构加热器故障	异常	一般	断路器机构的加热器主要用于机构箱加热，春秋季防止因温差造成箱体内端子排、设备接线柱凝露造成绝缘下降或短路，冬季防止因天气太冷造成液压油凝固。 原因分析：① 断路器加热电源跳闸；② 电源辅助触点接触不良。 加热器 图 11　断路器机构箱加热安装图	风险分析：当加热器发生故障，尤其是雨雪天气，机构箱内易出现凝露，造成二次回路短路或接地，断路器存在拒动或误动分险。 预控措施： （1）出现雨雪天气，监控人员应对运维人员发预警信息，检查机构加热器、电源及加热回路。 （2）发"机构加热器故障"信号后，监控人员应及时通知运维人员现场检查加热器，并根据检查情况进行消缺
第一组（二）控制回路断线	异常	危急	控制回路主要用于断路器及隔离开关等设备进行操作的控制，由于断路器的种类和型号是多种多样，但控制回路断线信号回路一般采用 TWJ 与 HWJ 串联进行发信。 原因分析：① 控制回路电源消失；② 二次回路接线有断路；③ 分合闸线圈损坏；④ 断路器辅助触点接触不离；⑤ SF_6 压力或油（气）压分合闸闭锁	风险分析：当断路器控制回路断线时，断路器即不接受手动、遥控操作，也不接线保护跳合闸操作，存在无法对断路器进行分合闸的风险。 预控措施： （1）发"第一组（二）控制回路断线"时，监控人员应立即通知运维人员现场核实断路器控制回路故障，查明故障原因，及时处理故障。 （2）运行断路器"控制回路断线"故障不能及时处理，应制定相应的监控措施，按照值班调控人员指令隔离该断路器。 注意：弹簧机构在储能过程中会伴随"控制回路断线"信号，主要原因是断路器储能过程中储能的限位开关串在控制回路中，切断控制回路，储能完毕后"控制回路断线"信号消失，该信号不需要处理

信息名称	告警分级	缺陷分类	信息原因	风险分析及预控措施
第一组（二）控制电源消失	异常	危急	控制电源空气开关跳闸	风险分析：当断路器第一组（二）控制电源消失时，存在无法对断路器进行分合闸的风险。 预控措施： （1）发"第一组（二）控制电源消失"时，监控人员应立即通知运维人员现场核实断路器控制电源的故障原因，及时处理故障。 （2）运行断路器"第一组（二）控制电源消失"故障不能及时处理，应制定相应的监控措施，按照值班调控人员指令隔离该断路器

其他一次设备监控告警信息分析

第4章

4.1 GIS 设备告警信息

信息名称	告警分级	缺陷分类	信息原因	风险分析及预控措施
汇控柜交流电源消失	异常	危急	GIS 设备汇控柜交流电源主要为储能电机、操作电机、加热器等设备电源。 原因分析：① 汇控柜中任一交流电源小空气开关跳闸，或几个交流电源小空气开关跳闸；② 汇控柜中任一交流回路有故障，或几个交流回路有故障。 图 12　GIS 汇控柜控制面板图	风险分析：汇控柜交流电源消失，无法进行相关操作，如隔离开关操作。 预控措施： （1）监控人员立即通知运维人员现场检查汇控柜内各交流电源小空气开关是否有跳闸、虚接情况，并要求运维人员告知交流电源消失的对正常运行所产生的影响。 （2）对因交流电源消失产生较大影响的，要制定监控措施，并采取相应的措施

信息名称	告警分级	缺陷分类	信息原因	风险分析及预控措施
汇控柜直流电源消失	异常	危急	GIS 设备汇控柜直流电源主要为储能电机、联锁回路、压力闭锁等回路电源。 原因分析：① 汇控柜中任一直流电源小空气开关跳闸，或几个直流电源小空气开关跳闸；② 汇控柜中任一直流回路有故障，或几个直流回路有故障	风险分析：汇控柜直流电源消失，无法进行相关操作或相关回路继电器返回，严重时存在闭锁 GIS 设备的分合闸回路。 预控措施： （1）监控人员立即通知运维人员现场检查汇控柜内各直流电源小空气开关是否有跳闸、虚接、闭锁等情况，并要求运维人员告知直流电源消失的对正常运行所产生的影响。 （2）对因直流电源消失产生较大影响的，要制定监控措施，并采取相应的措施
汇控柜温湿度控制设备故障	异常	一般	GIS 设备汇控柜内的温湿度控制设备主要由温度传感器、湿度传感器、温湿度控制器、加热板、风机等设备组成。当设备内任一设备故障或损坏，均发该信号	风险分析：当汇控柜温湿度控制设备发生故障，尤其是雨雪天气，汇控柜内易出现凝露，造成二次回路短路或接地，断路器存在拒动或误动分险。 预控措施： （1）出现雨雪天气，监控人员应对运维人员发预警信息，检查汇控柜的温度传感器、湿度传感器、温湿度控制器、加热板、风机等设备。 （2）发"汇控柜温湿度控制设备故障"信号后，监控人员应及时通知运维人员现场检查温湿度控制设备，并根据检查情况进行消缺
汇控柜温度异常	异常	一般	GIS 设备汇控柜内的温度过高或过低，均发该信号	风险分析：GIS 设备汇控柜内的温度过高影响测量精度，温度过低二次回路存在凝露风险。 预控措施：发"汇控柜温度异常"信号后，监控人员应通知运维人员现场检查温湿度控制设备，并根据检查情况进行消缺

信息名称	告警分级	缺陷分类	信息原因	风险分析及预控措施
小室 SF_6 浓度超标	异常	一般	GIS 设备小室均配置气量检测设备，当小室内的气体含量超标发该信号	风险分析：灭弧后的 SF_6 气体内含有大量的氟化氢气体，该气体有剧毒且腐蚀性较大，人员进入浓度超标的小室存在中毒的风险。 预控措施：人员进入小室前应先打开风扇进行通风

4.2 隔离开关设备告警信息

信息名称	告警分级	缺陷分类	信息原因	风险分析及预控措施
隔离开关电机电源消失	异常	一般	隔离开关电机电源消失主要监视隔离开关动力电源，目前一般采用隔离开关电机电源空气开关的辅助触点开入给测控装置（智能变电站中开入给智能终端。当隔离开关电机电源消失，发出该信号。 原因分析：① 隔离开关电机电源开关跳闸；② 电源空气开关辅助触点损坏，误发信号；③ 信号回路故障误发信号	风险分析：隔离开关电机电源消失后，无法电动拉合隔离开关，如有紧急工作或故障，存在无法隔离相关设备风险。 预控措施： （1）发"隔离开关电机电源消失"信号后，监控人员应通知运维人员查明原因，如运维人员能处理尽快处理，使异常设备恢复正常，如自行无法处理应尽快报专业班组解决。 （2）如果是电源空气开关或回路故障造成误发信号，及时消除异常。 （3）如不能及时消缺，监控人员应掌握该信号对相关设备的影响，制定相应的监控措施
隔离开关机构加热器故障	异常	一般	隔离开关机构加热器主要由温度控制器、加热板组成，监视隔离开关机构箱加热器运行情况。 原因分析：① 隔离开关加热器本身发生故障；② 信号回路故障误发信号	风险分析：隔离开关机构加热器故障，在雨雪低温天气易造成隔离开关机构箱温度过低或潮湿，二次回路存在凝露风险。 预控措施： （1）发"隔离开关机构加热器故障"信号后，监控人员

信息名称	告警分级	缺陷分类	信息原因	风险分析及预控措施
隔离开关机构加热器故障	异常	一般	隔离开关机构加热器主要由温度控制器、加热板组成，监视隔离开关机构箱加热器运行情况。 原因分析：① 隔离开关加热器本身发生故障；② 信号回路故障误发信号	通知运维人员，现场核对信号正确性。若确认加热器是否故障，快处理缺陷，使异常设备恢复正常，如自行无法处理应尽快报专业班组解决。 （2）若因回路故障造成误发信号，应对回路进行检查，及时消除异常
隔离开关控制电源消失	异常	一般	隔离开关控制电源消失主要监视隔离开关控制电源。当隔离开关控制电源消失，发出该信号。 原因分析：① 隔离开关控制电源开关跳闸；② 电源空气开关辅助触点损坏，误发信号；③ 信号回路故障误发信号	同"隔离开关电机电源消失"

4.3 TV设备告警信息

信息名称	告警分级	缺陷分类	信息原因	风险分析及预控措施
TV二次电压空气开关跳开	异常	危急	监视TV保护二次电压空气开关运行情况。 原因分析：① 空气开关老化跳闸；② 空气开关负载有短路等情况；③ 空气开关误跳闸。 图13 TV二次电压空气开关安装图	风险风析：TV二次电压空气开关跳开处，接于该母线上的线路、变压器等保护装置失去电压，相关带电压的保护将闭锁，仅剩电流保护，降低了保护可靠性。 预控措施： （1）发"TV二次电压空气开关跳开"信号，监控人员应立即通过监控主机检查该段母线电压是否正常，若该段母线电压消失为0V，立即通知运维人员现场检查该段母线TV保护二次电压空气开关是否跳开，消除缺陷。消缺过程中应采取防止相关保护及自动装置误动的措施，并立即上报调度。 （2）若因空气开关或回路故障造成误发信号，应对回路及空气开关进行检查，及时消除故障

续表

信息名称	告警分级	缺陷分类	信息原因	风险分析及预控措施
TV 接地保护故障	异常	严重	适用于采用接地保护器的 TV，当接地保护器击穿后发该信号	风险分析：当接地保护器击穿后，一次中性点直接接地，改变了 TV 一次绕组的阻抗匹配参数，当系统发生过电压，TV 有烧损的风险。 预控措施：发"TV 接地保护故障"信号时，监控人员应立即通知运维人员现场检查 TV 的运行状态，并要求相关专业人员进行处理
电压切换继电器同时动作	异常	一般	双母接线方式，当倒母线过程中，某间隔 2 组母线侧隔离开关均在合位时或因回路故障，Ⅰ 段母线、Ⅱ 段母线电压切换继电器线圈后励磁，发电压切换继电器同时动作。 图 14 电压切换原理图	风险分析：倒母完毕后，电压切换继电器同时动作应返回。若不返回，存在保护二次电压通过间隔切换继电器并列，若此时需对 TV 进行停电检修，存在停电 TV 二次向一次反充电风险。 预控措施： （1）倒母完毕后，应检查该信号是否消失，若未消失检查二次回路。 （2）无倒母操作时，发该信号，监控人员通知二次检修人员检查二次回路
电压切换继电器失压	异常	危急	某间隔母线侧隔离开关均在分位时或因回路故障，电压切换继电器失磁，发电压切换继电器失压信号	风险分析：若间隔正常运行，电压切换继电器失压，间隔保护装置将失去保护二次电压，同时伴随保护装置报"TV 断线"信号，此时该间隔相关带电压的保护将闭锁，仅剩电流保护，降低了保护可靠性。 预控措施： （1）某间隔发"电压切换继电器失压"信号后，监控人员应立即通过监控主机检查该间隔保护电压是否正常，是否有"TV 断线"信号。若有"TV 断线"信号，立即通知二次检修人员消除缺陷。消缺过程中应采取防止相关保护及自动装置误动的措施，并立即上报调度。 （2）若因回路故障造成误发信号，应对回路进行检查，及时消除故障

信息名称	告警分级	缺陷分类	信息原因	风险分析及预控措施
母线 TV 并列装置直流电源消失	异常	严重	母线 TV 并列装置主要用于保护二次电压因运行方式发生变化时（如某段 TV 检修时），保证保护二次电压可靠供电的装置。 原因分析：① 母线 TV 并列装置电源开关跳闸；② 电源监视继电器线圈损坏或因回路原因失磁；③ 信号回路故障误发信号。 图 15　母线 TV 并列原理图	风险分析：母线 TV 并列装置直流电源消失后，当需要进行保护二次电压并列时无法并列。 预控措施： （1）发"母线 TV 并列装置直流电源消失"信号后，监控人员应通知运维人员检查电压并列装置的电源空气开关。若电源空气开关在投入位置，应通知二次检修人员检查回路。 （2）若因回路故障造成误发信号，应对回路进行检查，及时消除故障

4.4　消弧线圈设备告警信息

信息名称	告警分级	缺陷分类	信息原因	风险分析及预控措施
消弧线圈控制装置故障	异常	危急	消弧线圈控制装置出现内部故障装置将闭锁。 原因分析：① 装置采样板损坏无法进行采样；② 装置开入板损坏，如无法判断消弧线圈档位；③ 装置开出继电器损坏，无法实现对消弧线圈控制	风险分析：消弧线圈控制装置发生故障，若此时系统发生接地，因无法调节消弧线圈分接头，存在全补偿或欠补偿运行风险。接地点容易产生间歇电弧，间歇电弧引起的过电压，对电器的绝缘程度产生很大的危害。 预控措施： （1）监控人员应立即通知运维人员现场检查消弧线圈控制装置，及时消除装置故障。 （2）若不能及时消除装置故障的，应手动调整消弧线圈档位，防止系统在全补偿或欠补偿方式下运行

续表

信息名称	告警分级	缺陷分类	信息原因	风险分析及预控措施
消弧线圈控制装置异常	异常	严重	消弧线圈发异常告警。 原因分析：消弧线圈装置异常或者自动调谐装置的交直流空气开关掉闸	风险分析：消弧线圈装置异常时，无法计算调节档位或者消弧线圈调档电源失电造成消弧线圈无法调节档位，存在全补偿或欠补偿运行风险。 预控措施： （1）监控人员应立即通知运维人员现场检查消弧线圈控制装置，及时消除装置异常缺陷。 （2）若不能及时消除装置故障的，采取现场处置措施，监控人员及时核对电网运行方式，汇报调度
消弧线圈调谐异常	异常	危急	消弧线圈控制器发调档命令，未能执行成功。 原因分析：自动调谐装置的交直流空气开关掉闸失去电源或者调谐装置卡扣	风险分析：消弧线圈调谐异常时，无法调节档位，存在全补偿或欠补偿运行风险。 预控措施： （1）监控人员应立即通知运维人员现场检查消弧线圈交直流电源空气开关和机械位置，及时消除缺陷。 （2）若不能及时消除故障，监控人员及时核对电网运行方式，汇报调度

4.5　电抗器设备告警信息

信息名称	告警分级	缺陷分类	信息原因	风险分析及预控措施
电抗器故障	异常	危急	电抗器发生故障，电抗器保护出口跳闸。 原因分析：① 电抗器绕组绝缘下降；② 电抗器组绕组烧损；③ 电抗器引线故障	风险分析：系统失去部分无功电源，有可能对电压造成影响。 预控措施： （1）监控人员立即通知运维人员现场检查电抗器保护出口情况；核实电抗器设备有无异常，并将检查结果上报调度。 （2）做好相关操作准备，采取相应的隔离措施。 （3）若相应间隔 AVC 未被闭锁则应退出相应 AVC 控制

信息名称	告警分级	缺陷分类	信息原因	风险分析及预控措施
电抗器异常	异常	严重	电抗器发生异常，如运行温度过高、轻瓦斯频繁动作等	风险分析：存在电抗器故障风险。 预控措施： （1）监控人员立即通知运维人员，检查异常发生的原因，判断是否存在故障风险，并将检查情况上报调度。 （2）若异常状态有发展趋势，申请将异常设备停电，调整运行方式
电抗器重瓦斯出口	事故	危急	因电抗器内部故障产生大量瓦斯时，应瞬时动作于断开断路器	风险分析：系统失去部分无功电源，有可能对电压造成影响。 预控措施： （1）监控人员立即通知运维人员现场检查电抗器保护出口情况；核实电抗器设备有无异常，并将检查结果上报调度。 （2）隔离该电抗器，通知相关试验人员对电抗器进行相关试验。若相应间隔AVC未被闭锁则应退出相应AVC控制
电抗器温度高告警	异常	危急	电抗器运行温度过高，发该信号。 原因分析：① 环境温高过高；② 电抗器冷却系统故障；③ 电抗器通风不畅	风险分析：电抗器高温运行，加快电抗器老化，严重时损坏电抗器。 预控措施： （1）发"电抗器温度高告警"信号后，监控人员应立即通知运维人员现场核实电抗器运行的温度，检查电抗器冷却装置或器通风情况。 （2）若因环境温度造成电抗器高温运行，运维人员应采取必要的措施降低电抗器运行温度，如增加风扇等

信息名称	告警分级	缺陷分类	信息原因	风险分析及预控措施
电抗器轻瓦斯告警	异常	严重	当电抗器箱内故障产生轻微瓦斯或油面下降，应瞬时动作信号	风险分析：轻瓦斯动作发信时，存在聚集空气、油位降低、二次回路故障、电抗器内部故障等风险。 预控措施： （1）电抗器轻瓦斯发告警信号后，若产生的气体较少，一般可将气体放空即可，有条件时可做一次气体分析。 （2）经检测气体继电器内的气体为无色、无臭且不可燃，色谱分析判断为空气，则电抗器可继续运行，并及时消除进气缺陷
电抗器油位异常	异常	严重	电抗器油温是随着负荷和环境温度的变化而变化，油温的变化带来的是电抗器油体积的变化，储油柜油位计指示也会随之发生相应的变化。电抗器油位应能满足在最高环境温度下不溢出；在最低环境温度电抗器运行时储油柜内有一定油量	风险分析：油位会出现一些异常现象，可能会发出最高和最低油位报警及轻、重瓦斯动作等现象，影响安全运行。 预控措施： （1）电抗器油位发异常信号后，立即通知运维人员现场核实主变压器油位。 （2）若出现假油位时，现场可通过液位平衡法或红外测温法等其他方法测量油位。 （3）若油位较低应通知检修人员补充油
电抗器压力释放告警	异常	危急	电抗器的压力释放阀在电抗器正常工作时，保护电抗器油与外部空气隔离，电抗器一旦发生短路故障，油箱内的压力增加，当压力达到压力释放阀动作时，在 2ms 内开启，当压力降低到关闭值时压力释放阀自动关闭。压力释放阀触点宜作用于信号	风险分析：当采取压力释放阀接投跳闸后，由于产品质量、装置密封不良进水受潮、二次线绝缘等原因，存在电抗器跳闸事件。 预控措施： （1）定期检查释放阀微动开关的电气性能是否良好，连接是否可靠，避免误发信。 （2）采取有效措施防潮防积水。 （3）结合电抗器检修做好压力释放阀的校验工作

第5章

交直流设备监控告警信息分析

5.1　站用电监控信息

信息名称	告警分级	缺陷分类	信息原因	风险分析及预控措施
站用电× ×低压开 关跳闸	事故	危急	站用电低压进线开关跳闸或者馈线小断路器跳闸	风险分析：若站用电低压进线开关跳闸，低压母线所带负荷失去，对控制、信号、测量、继电保护以及自动装置、事故照明有影响。若某馈线小断路器跳闸，影响相关设备的正常运行，尤其是直流系统。 预控措施： （1）发"站用电××低压开关跳闸"信号后，监控值班员应检查相关该站站用电电压值，若失压立即通知运维人员现场处置。 （2）不能自行处理时申请专业班组到站检查处置，加强直流系统的监视，防止直流失压故障

信息名称	告警分级	缺陷分类	信息原因	风险分析及预控措施
站用电××分段开关跳闸	事故	危急	站用电低压分段开关跳闸	风险分析：若站用电低压分段开关跳闸，会失去其中一段低压母线负荷，对控制、信号、测量、继电保护以及自动装置、事故照明有影响。 预控措施： （1）发"站用电××分段开关跳闸"信号后，监控值班员应检查该站站用电交流母线电压值，若失压立即通知运维人员现场处置。 （2）不能自行处理时申请专业班组到站检查处置，加强直流系统的监视，防止直流失压故障
站用电××分段开关异常	异常	危急	站用电分段开关异常告警。 原因分析：① 控制回路断线；② 开关未储能	风险分析：若站用电低压分段开关异常，会影响保护或备自投动作，造成事故范围扩大。 预控措施： （1）发"站用电××分段开关异常"信号后，监控值班员应通知运维人员现场检查站用电分段开关状态及二次回路。 （2）不能自行处理时申请专业班组到站检查处置，加强直流系统的监视，防止直流失压故障
站用电××低压开关异常	异常	危急	站用电低压开关异常告警。 原因分析：① 控制回路断线；② 开关未储能	风险分析：若站用电低压开关异常，会影响保护或备自投动作，造成事故范围扩大。 预控措施： （1）发"站用电××低压开关异常"信号后，监控值班员应通知运维人员现场检查站用电分段开关状态及二次回路。 （2）不能自行处理时申请专业班组到站检查处置，加强直流系统的监视，防止直流失压故障

信息名称	告警分级	缺陷分类	信息原因	风险分析及预控措施
站用电备自投装置出口	事故	危急	变电站站用电系统中，一旦站用变压器保护动作、站用电低压开关跳闸或站用电分段开关跳闸，将造成低压母线失压，影响站内交直流设备的正常运行。一般在站内配置有专用备自投装置或者 ATS（自动转换开关），若监测到母线失压将自动投入备用电源，恢复站用电系统正常运行	风险分析：若站用电备自投失败，会对站用电母线失压，对控制、信号、测量、继电保护以及自动装置、事故照明有影响。 预控措施： （1）站用电备自投装置出口后，监控值班员应检查该站用电交流母线电压值，判断备用电源是否自投成功，并通知运维人员现场处置。 （2）运维人员到现场后应按照相关处置流程对主变压器风冷、直流系统的交流切换等装置进行检查，并查明备自投动作原因。不能自行处理时申请专业班组到站检查处置，加强直流系统的监视，防止直流失压故障。 （3）若备自投失败，应按照现场规程进行处理，尽快恢复交流供电，并加强监视站内直流系统及 UPS 系统的运行情况
站用电备自投装置故障	异常	危急	站用电备自投装置出现内部故障，装置将自动闭锁。 原因分析：① 装置采样板损坏无法进行采样；② 装置开入损坏，无法判断低压开关位置；③ 装置开出损坏，无法实现对低压开关控制；④ 装置电源插件故障或装置空气开关跳闸	风险分析：站用电备自投装置发生故障，若此时低压母线因故失压，备用电源无法自动投入，会对站用电母线失压，对控制、信号、测量、继电保护以及自动装置、事故照明有影响。 预控措施： （1）监控人员应立即通知运维人员现场检查站用电备自投装置，及时消除装置故障。 （2）若不能及时消除装置故障，应手动调整站用电低压系统运行方式，必要时配置交流发电机作为备用电源

信息名称	告警分级	缺陷分类	信息原因	风险分析及预控措施
站用电备自投装置异常	异常	危急	站用电备自投发异常告警。 原因分析：① 备自投外部回路出现异常，如装置交流电压采样空开跳闸或二次回路异常等；② 备自投软件自检异常，如装置定值设置出错、配置出错等；③ 备自投硬件回路异常，如装置内部开入异常等	风险分析：站用电备自投装置异常时，备自投装置会放电。若此时低压母线因故失压，备用电源无法自动投入，会造成站用电母线失压，对控制、信号、测量、继电保护以及自动装置、事故照明有影响。 预控措施： （1）监控人员应立即通知运维人员现场检查站用电备自投装置，及时消除装置异常缺陷。 （2）若不能及时消除装置故障，采取现场处置措施，监控人员及时核对站用电低压系统运行方式运行方式，汇报调度
站用电交流电源异常	异常	危急	站用电低压交流母线失电或缺相。 原因分析：① 站用变压器故障跳闸；② 站用变压器高压侧无电；③ 站用电低压进线开关跳闸；④ 站用电电压二次回路异常	风险分析：站用电交流电源异常时，会造成站用电全部或部分消失，会对站用电母线失压，对控制、信号、测量、继电保护以及自动装置、事故照明有影响。 预控措施： （1）发出"站用电交流电源异常"信号后，监控值班员应检查该站用电交流母线电压值，并通知运维人员现场处置。 （2）运维人员到现场后应按照相关规程规定对站用电进行事故处理，投入备用电源或备用发电机，及时采取措施恢复全部站用电负荷。 （3）若站用电系统配置有备自投的，应检查备自投动作情况。 （4）对主变压器风冷、直流系统的交流切换等装置进行检查。 （5）不能自行处埋时申请专业班组到站检查处置，加强直流系统的监视，防止直流失压故障

5.2 直流系统监控信息

信息名称	告警分级	缺陷分类	信息原因	风险分析及预控措施
直流系统故障	异常	危急	直流系统故障反映变电站直流系统的整体运行状态，直流系统所属蓄电池、充电模块、馈线开关、熔断器、绝缘监视器、集中监控器等装置故障均会触发"直流系统故障"信号	风险分析：直流系统故障会造成直流系统的蓄电池无法充放电，继电保护、信号、自动装置误动或拒动，也会造成直流熔断器熔断，使保护及自动装置、控制回路失去电源。 预控措施： （1）发出"直流系统故障"后，监控值班员应立即通知运维人员现场检查交直流设备运行状态，核对现场遥测、遥信值，确定故障范围。 （2）运维人员到现场后应按照相关规程规定对直流系统进行事故处理，并向调度和监控人员汇报，隔离故障设备，及时恢复直流系统运行。 （3）不能自行处理时申请专业班组到站检查处置，加强直流系统的监视，防止直流失压故障
直流系统异常	异常	危急	直流系统的蓄电池、充电装置、直流回路以及直流负载发生异常	风险分析：可能造成直流系统的蓄电池无法充放电，继电保护、信号、自动装置误动或拒动，或造成直流熔断器熔断，使保护及自动装置、控制回路失去电源。 预控措施： （1）监控值班员应通知运维人员加强运行监视，检查交直流设备运行状态，核对现场遥测、遥信值。 （2）运维人员到现场进行检查后，向调度和监控人员汇报，并采取现场处置措施。 （3）不能自行处理时申请专业班组到站检查处置，加强直流系统的监视，防止直流失压故障

信息名称	告警分级	缺陷分类	信息原因	风险分析及预控措施
直流系统绝缘故障	异常	危急	直流系统的母线、设备及回路受潮积灰时，会导致直流极对地或直流对交流绝缘下降，导致直流系统接地或交流窜入直流。 　　对于 220V 直流系统两极对地电压绝对值超过 40V 或绝缘降低到 25kΩ 以下，110V 直流系统两极对地电压绝对值差超过 20V 或绝缘降低到 15kΩ 以下，应视为直流系统接地。直流系统绝缘监测装置将发出绝缘故障信号并显示接地支路。一般来讲，直流系统接地极对地电压下降，另一极对地电压上升。 　　若直流系统中检测出交流分量大于等于 10V 时，绝缘监测装置将发出交流窜入直流信号并显示窜入支路	风险分析：直流系统绝缘故障造成继电保护、信号、自动装置误动或拒动，或造成直流熔断器熔断，使保护及自动装置、控制回路失去电源。保护回路中同极两点接地，还可能将某些继电器短路，不能动作与跳闸，致使越级跳闸。 　　预控措施： 　　（1）发出"直流系统绝缘故障"后，监控值班员应通知运维人员现场检查交直流设备运行状态。 　　（2）运维人员应记录时间、接地极、绝缘监测装置提示的支路号和绝缘电阻等信息。用万用表测量直流母线正对地、负对地电压，与绝缘监测装置核对后，汇报调控人员，并申请专业班组到站检查。 　　（3）比较潮湿的天气，应首先重点对端子箱和机构箱直流端子排作一次检查，对凝露的端子排用干抹布擦干或用电吹风烘干，并将驱潮加热器投入。 　　（4）运维人员应配合检修人员采用专用仪器带电查找，如需采用拉路法查找的，应汇报调控人员，申请退出可能误动的保护

信息名称	告警分级	缺陷分类	信息原因	风险分析及预控措施
直流系统交流输入故障	异常	危急	直流系统交流输入电压欠压或缺相。 原因分析：① 站用电系统交流母线及设备故障；② 直流系统交流输入断路器跳闸；③ 交流切换接触器及回路损坏或接触不良	风险分析：直流系统交流输入故障将导致充电机停止工作，站内直流负荷转由蓄电池临时供电，可能造成全站直流失压，使得使保护及自动装置、控制回路失去电源。 预控措施： （1）发出"直流系统交流输入故障"后，监控值班员应通知运维人员现场检查交直流设备运行状态。 （2）运维人员应由负荷侧向电源侧逐级检查交流断路器和交流接触器的运行状态，并测量交流电压。若直流系统交流输入故障是由于站用电交流电源异常引起的，应采取站用电交流系统预控措施。 （3）交流电源故障较长时间不能恢复时，应调整直流系统运行方式，应尽可能减少直流负载输出（如事故照明、UPS、在线监测装置等非一次系统保护电源），采取措施恢复交流电源及充电装置的正常运行，联系专业班组尽快处理
直流系统充电机故障	异常	危急	直流系统充电机内部故障或保护动作。 原因分析：① 充电机内部元器件损坏；② 充电机交流输入电压欠压或缺相；③ 充电机内部过流、过压、短路保护动作	风险分析：单台充电机故障将影响直流系统带载能力，在 $N-2$ 运行方式下，可能造成其余模块过载，严重时可能造成全站直流失压，使得保护及自动装置、控制回路失去电源。 预控措施： （1）发出"直流系统充电机故障"后，监控值班员应通知运维人员现场检查充电机及相关二次回路运行状态。 （2）若故障充电模块交流断路器跳闸，无其他异常可以试送，试送不成功应联系专业班组处理。 （3）故障充电模块保护动作、运行指示灯不亮、液晶显示屏黑屏、模块风扇故障等，应联系专业班组处理

信息名称	告警分级	缺陷分类	信息原因	风险分析及预控措施
直流系统蓄电池总熔断器熔断	事故	危急	直流系统蓄电池与直流母线间采用熔断器连接，且带有报警触点。蓄电池出口回路熔断器按事故停电时间的蓄电池放电率电流和直流母线上最大馈线直流断路器额定电流的 2 倍选择，两者取较大值。 总熔断器熔断的原因有：① 直流母线回路短路；② 蓄电池组回路短路、电池故障等引起熔断器熔断	风险分析：直流系统蓄电池总熔断器熔断后，站内直流负荷仅由充电机单电源供电，一旦充电机本体或站用电交流系统故障，可能造成全站直流失压，使得使保护及自动装置、控制回路失去电源。 预控措施： （1）发出"直流系统蓄电池总熔断器熔断"后，监控值班员应通知运维人员现场检查直流母线及相关设备运行情况。 （2）运维人员应检查熔断器是否完好有无灼烧痕迹，使用万用表测量蓄电池熔断器两端电压，电压不一致，表明熔断器损坏。 （3）运维人员应更换同型号蓄电池总熔断器备件，再次熔断不得试送，并联系专业班组处理
直流系统蓄电池异常	异常	严重	蓄电池的性能受环境温度、工作电压等因素影响。蓄电池室的温度宜保持在 5～30℃，最高不应超过 35℃，蓄电池的浮充电压值应控制为 2.23～2.28V，均充电压宜控制在 2.30～2.35V。由于每块蓄电池自身内阻及特性不同，在运行过程中会产生较大的差异，影响整个蓄电池组的放电容量。因此，需要监测蓄电池室温度及蓄电池单体电压，一旦蓄电池室温度过高或蓄电池电压异常，则触发"直流系统蓄电池异常"信号	风险分析：蓄电池室温度过高或蓄电池单体电压异常，会导致蓄电池寿命缩短，放电容量变小，不满足 DL/T 5044—2014《电力工程直流电源系统设计技术规程》关于"无人值班的变电站，全站交流电源事故停电时间宜按 2h 计算"的要求，可能造成全站直流失压，使得使保护及自动装置、控制回路失去电源。 预控措施： （1）监控值班员应通知运维人员现场检查蓄电池室温度及单体蓄电池电压。 （2）运维人员应检查监控器中电池巡检数据，实测异常蓄电池两段电压，并联系专业班组更换

信息名称	告警分级	缺陷分类	信息原因	风险分析及预控措施
直流系统×段母线电压异常	异常	严重	直流系统母线电压消失、欠压、过压等异常	风险分析：直流系统母线电压异常会影响直流系统及相关设备工作，过高的电压可能造成运行设备损坏，欠压会造成运行设备掉电不工作。 预控措施： （1）监控值班员结合遥测值综合分析判断，通知运维人员，加强运行监视。 （2）运维人员应检查直流母线表计及相关回路是否正常，并根据检查结果通知专业班组现场处理
直流系统馈电开关故障	异常	危急	直流系统馈线负载回路短路等引起馈线开关跳闸	风险分析：馈线开关跳闸后将影响跳闸支路所供设备的正常运行。 预控措施： （1）监控值班员应结合站内其他设备的运行情况，综合分析判断，及时通知运维人员，加强运行监视。 （2）运维人员应检查直流馈线及相关回路是否正常，有无短路灼烧痕迹，直流馈线开关是否正常。 （3）根据馈线开关跳闸情况，通知专业班组查明跳闸原因，必要时停用相关保护设备
通信直流系统异常	异常	严重	通信48V直流系统运行异常。 原因分析：① 通信直流系统电压异常；② 通信直流系统交流输入故障；③ 通信直流系统模块故障；④ 通信蓄电池总熔断器熔断	同"直流系统×段母线电压异常""直流系统交流输入故障""直流系统充电机故障""直流系统蓄电池异常"

信息名称	告警分级	缺陷分类	信息原因	风险分析及预控措施
一体化电源监控装置 MMS 通信中断	异常	严重	一体化监控装置与 MMS 站控层网络交换机通信中断	风险分析：一体化电源系统的软报文信号无法上传后台监控主机及调控中心，所属的蓄电池、充电模块、馈线开关、熔断器、绝缘监视器、集中监控器等装置失去监视。 预控措施： （1）监控值班员应通知运维人员现场检查站内交直流系统设备及回路运行情况，并加强监视。 （2）运维人员应通知专业班组检查一体化电源监控装置及其与 MMS 网交换机的物理连接情况
一体化电源监控装置异常	异常	危急	一体化监控装置发异常告警。 原因分析：① 直流充电装置异常；② 直流绝缘监测装置异常；③ 交流电源及相关回路异常；④ 直流母线电压异常；⑤ 监控装置通信中断；⑥ 监控装置内部参数设置错误	风险分析：一体化电源监控装置异常时，会影响所属的蓄电池、充电模块、馈线开关、熔断器、绝缘监视器、集中监控器等装置正常工作。 预控措施： （1）监控值班员应通知运维人员现场检查站内交直流系统设备及回路运行情况，并加强监视。 （2）运维人员应通知专业班组处理一体化电源监控装置缺陷
一体化电源监控装置故障	异常	危急	一体化监控装置出现内部故障。 原因分析：① 一体化监控装置失电；② 一体化监控装置通信板损坏无法与其他部件进行通信；③ 一体化监控装置开入板损坏，无法采集开关量信号；④ 一体化监控装置开出板损坏，无法驱动告警硬触点	风险分析：一体化电源系统的软报文信号无法上传后台监控主机及调控中心，所属的蓄电池、充电模块、馈线开关、熔断器、绝缘监视器、集中监控器等装置失去监视。无法对该系统进行远方监视，因信息不正确会延误事故处理。 预控措施： （1）监控值班员应通知运维人员现场检查站内交直流系统设备及回路运行情况，并加强监视。 （2）运维人员应通知专业班组处理一体化电源监控装置缺陷

信息名称	告警分级	缺陷分类	信息原因	风险分析及预控措施
直流系统监控装置异常	异常	严重	直流系统监控装置发异常告警。 原因分析：① 监控装置内部参数设置错误；② 充电模块异常；③ 直流绝缘监测装置异常；④ 直流母线电压异常	风险分析：直流系统监控装置异常时，会影响所属直流系统设备的正常运行。 预控措施： （1）监控值班员应通知运维人员现场检查站内交直流系统设备及回路运行情况，并加强监视。 （2）运维人员应通知专业班组处理一体化电源监控装置缺陷
直流系统监控装置故障	异常	危急	一体化监控装置出现内部故障。 原因分析：① 一体化监控装置失电；② 一体化监控装置通信板损坏无法与其他部件进行通信；③ 一体化监控装置开入板损坏，无法采集开关量信号；④ 一体化监控装置开出板损坏，无法驱动告警硬触点	风险分析：直流系统监控装置故障时，会影响所属直流系统设备的正常运行。无法对该系统进行远方监视，因信息不正确会延误事故处理。 预控措施： （1）监控值班员应通知运维人员现场检查站内交直流系统设备及回路运行情况，并加强监视。 （2）运维人员应通知专业班组处理一体化电源监控装置缺陷
××逆变电源故障	异常	危急	逆变电源装置出现内部故障。 原因分析：① 逆变电源插件故障；② 逆变电源交直流输入回路故障；③ 逆变电源输出馈线故障；④ 逆变电源内部元器件故障	风险分析：将导致不间断电源失电，影响监控后台等重要设备的运行。 预控措施： （1）监控值班员应通知运维人员现场检查站内逆变电源装置及相关交直流回路的运行情况，并加强监视。 （2）运维人员检查逆变电源插件，交直流电源熔断器及空气开关状态，检查逆变电源交直流输入回路电压。 （3）根据检查情况，通知专业班组现场处置

续表

信息名称	告警分级	缺陷分类	信息原因	风险分析及预控措施
××逆变电源异常	异常	危急	逆变电源发异常告警。原因分析：① 逆变电源过载；② 逆变电源直流输入异常；③ 逆变电源交直流输入电源熔断器熔断或上级电源开关跳闸等	风险分析：逆变电源所带负荷将由另一种电源（交、直）对其进行供电，可能导致不间断电源失电。预控措施：（1）监控值班员应通知运维人员现场检查站内逆变电源装置及相关交直流回路的运行情况，并加强监视。（2）运维人员检查逆变电源插件，交直流电源熔断器及空气开关状态，检查逆变电源交直流输入回路电压。（3）根据检查情况，通知专业班组现场处置

5.3 辅助控制系统监控信息

信息名称	告警分级	缺陷分类	信息原因	风险分析及预控措施
安防装置故障	异常	严重	安防装置出现内部故障。原因分析：① 安防装置内部元器件故障；② 安防装置失电或上一级空气开关跳闸	风险分析：安防装置故障后，无法对电子围栏、红外对射报警器、红外双鉴探测器等设备进行远方监视，失去对变电站的安全防护监控。预控措施：（1）监控值班员应通知运维人员现场检查站内安防装置的运行情况，并加强监视。（2）根据检查情况，通知专业班组现场处置
安防总告警	异常	严重	安防装置监测外部入侵，发出告警。原因分析：① 高压脉冲防盗电子围栏触网、短路或断线；② 红外对射报警器入侵告警；③ 红外双鉴探测器入侵告警	风险分析：安防装置告警后，可能预示站内有非法入侵，影响变电站一、二次设备运行安全。预控措施：（1）发"安防总告警"信号后，监控值班员应远方调阅视频监控信号进行核查，并通知运维人员及时到站核查。（2）根据检查情况，通知专业班组现场处置

信息名称	告警分级	缺陷分类	信息原因	风险分析及预控措施
消防装置故障	异常	严重	火灾报警控制器及附属设备故障。 原因分析：① 火灾报警控制器内部元器件故障；② 火灾报警装置失电或上一级空气开关跳闸；③ 火灾探测器、声光报警器等设备故障	风险分析：消防装置故障后，无法对变电站起火点提前报警，造成变电设备起火或装置误动。 预控措施： （1）监控值班员应通知运维人员现场检查站内火灾报警装置的运行情况，并加强监视。 （2）运维人员应加强站内消防巡视，检查消防装置主电源及备用电池的运行情况。 （3）根据检查情况，通知专业班组现场处置
消防火灾总告警	事故	严重	变电站发生火灾，引发装置告警	风险分析：变电站起火后严重威胁一、二次设备的正常运行，造成电网安全事故。 预控措施： （1）发"消防火灾总告警"信号后，监控值班员应远方调阅视频监控信号判断火灾影响，汇报调度及上级管理部门，及时报警，进行事故处理。 （2）调度人员根据变电站火灾情况，核对电网运行方式，下达处置调度指令。 （3）运维人员应立即进行现场核实，若为火灾报警装置误发信号应汇报监控人员，若确实发生火灾，应根据现场运行规程立即调整运行方式，组织灭火，汇报调度

续表

信息名称	告警分级	缺陷分类	信息原因	风险分析及预控措施
变压器消防火灾告警	事故	严重	变压器着火，引发装置告警	风险分析：变压器起火后会造成各侧开关跳闸，烧坏变压器，造成电网安全事故。 预控措施： （1）发"变压器消防火灾告警"信号后，监控值班员应远方调阅视频监控信号判断火灾影响，核实现场设备运行情况，汇报调度及上级管理部门，及时报警，并做好相关操作准备。 （2）监控值班员应了解变压器消防火灾系统告警原因，根据现场处理情况和调度令制定相应的监控措施，及时掌握 $N-1$ 后设备运行情况。 （3）调度根据事故处理规程，安排电网运行方式，下达调度指令。 （4）运维人员应检查变压器有无着火、爆炸、喷油、漏油等现象，检查各侧断路器是否断开，自动喷淋系统及排油充氮系统是否正确启动。 （5）若变压器保护未动作火灾断路器未断开时，应立即拉开变压器各侧断路器及隔离开关和冷却器电源，并采取灭火措施。 （6）运维人员应按照调度指令及现场运行规程的规定，调整变压器中性点运行方式，检查运行变压器是否过载，投入的冷却器是否充足

信息名称	告警分级	缺陷分类	信息原因	风险分析及预控措施
环境监测装置故障	异常	严重	环境监测装置及附属设备故障。 原因分析：① 环境监测装置内部元器件故障；② 环境监测装置开入插件故障；③ 环境监测装置开出插件故障，不能控制风机运转；④ 温湿度探测器故障；⑤ 水浸探测器故障；⑥ 风扇传感器故障	风险分析：安防装置故障后，无法对二次设备室、蓄电池室、10kV 配电室、电缆沟等区域的环境数据进行远方监视。 预控措施： （1）监控值班员应通知运维人员现场检查站内环境监测装置的运行情况，并加强监视。 （2）根据检查情况，通知专业班组现场处置
电缆水浸总告警	异常	危急	电缆层及电缆沟内水浸传感器动作告警。 原因分析：① 电缆层及电缆沟排水沟堵塞，排水不畅通；② 水浸传感器触点误动	风险分析：电缆层或电缆沟积水会对沟内电缆起腐蚀作用，造成电缆绝缘降低，造成短路故障。沟道内长期积水会造成地面基础沉降，破坏原有土建设施。 预控措施： （1）监控值班员应通知运维人员现场检查站内电缆层及电缆沟积水情况，并加强监视。 （2）运维人员应清除排水沟内杂物，使排水沟道通畅，必要时利用潜水泵加速排水。 （3）若为误报信号，应通知专业班组现场处置
消防水泵故障	异常	严重	消防水泵内部故障。 原因分析：① 消防水泵交流电源失电、反相或缺相；② 消防水泵电源空气开关跳闸或接触器损坏；③ 消防水泵热继电器过载动作；④ 电机和水泵传动部件卡阻；⑤ 电机烧坏	风险分析：消防水泵故障将导致消防水管工作压力不足或无压力，影响站内灭火效果，不能有效控制火情造成巨大损失。 预控措施： （1）监控值班员应通知运维人员现场检查站内消防水泵系统，并加强监视。 （2）运维人员应仔细检查消防水泵系统的交流电源、电气设备的工作情况，测试电机是否完好。 （3）根据检查情况，通知专业班组现场处置

第6章

保护装置监控告警信息分析

6.1 变压器保护监控信息

信息名称	告警分级	缺陷分类	信息原因	风险分析及预控措施
××变压器保护出口	事故	危急	变压器主保护或后备保护动作，为变压器保护动作合成总信号	风险分析：变压器保护出口造成母联（分段）开关、主变压器本侧开关或各侧开关跳闸，可达七级及以上电网事件。 预控措施： （1）监控值班员核实断路器跳闸情况，收集事故信息并汇报调度，通知运维人员，做好相关操作的准备。 （2）调度人员应核对电网运行方式，及时切换主变压器中性点，并将故障设备隔离，尽快恢复非故障设备送电。 （3）运维人员到现场后应立即检查保护范围内一次设备，重点检查变压器有无喷油、漏油现象，检查气体继电器有无气体集聚，变压器油温、油位是否正常。 （4）认真检查相关保护动作信号、二次回路、直流电源系统和站用电系统的运行情况，若站用电系统全部失电应尽快恢复正常供电。 （5）按调度指令或现场运行规程的规定，调整变压器中性点运行方式。 （6）检查运行变压器是否过负荷，根据负荷情况投入冷却器。若变压器过负荷运行，应汇报值班调控人员转移负荷。

信息名称	告警分级	缺陷分类	信息原因	风险分析及预控措施
××变压器保护出口	事故	危急	变压器主保护或后备保护动作，为变压器保护动作合成总信号	（7）检查站内备自投装置动作情况，及时调整备自投运行方式。 （8）综合变压器各部位检查结果和继电保护装置动作信息，分析确认故障设备，将事故原因汇报调度，快速隔离故障设备
××变压器差动保护出口	事故	危急	变压器差动保护包括纵差保护、差动速断保护等，是反映变压器绕组相间短路、匝间短路、中性点接地侧绕组接地故障以及引出线接地故障的电气量保护。其保护范围是构成差动保护各侧 TA 之间所包围的部分，包括变压器本体、TA 与变压器之间的引出线。 GB/T 14285—2006《继电保护和安全自动装置技术规程》第 4.3.3.2 条规定：电压在 10kV 以上、容量在 10MVA 及以上的变压器，采用纵差保护。对于电压为 10kV 的重要变压器，当电流速断保护灵敏度不符合要求时也可采用纵差保护。 当变压器保护感受到各侧电流矢量和不平衡，且差动电流和制动电流均满足定值特性曲线时，保护动作出口跳开各侧开关。 原因分析：① 变压器差动保护范围内的一次设备故障；② 变压器内部故障；③ TA 二次开路或短路；④ 因二次回路错误、TA 饱和、励磁涌流等因素造成保护误动	风险分析：变压器保护出口造成各侧开关跳闸，可达七级及以上电网事件。 预控措施： （1）监控值班员核实断路器跳闸情况，收集事故信息并汇报调度，通知运维人员，做好相关操作的准备。 （2）调度人员应核对电网运行方式，及时切换主变压器中性点，并将故障设备隔离，尽快恢复非故障设备送电。 （3）运维人员到现场后应详细检查差动保护范围内的设备，重点检查变压器有无喷油、漏油现象，检查气体继电器有无气体集聚，变压器油温、油位是否正常，套管是否损坏，连接变压器的引线是否有短路烧伤痕迹，引线支持绝缘子是否异常，差动范围内的避雷器是否正常。 （4）认真检查相关保护动作信号、二次回路、直流电源系统和站用电系统的运行情况，若站用电系统全部失电应尽快恢复正常供电。 （5）按调度指令或现场运行规程的规定，调整变压器中性点运行方式。 （6）检查运行变压器是否过负荷，根据负荷情况投入冷却器。若变压器过负荷运行，应汇报值班调控人员转移负荷。 （7）检查站内备自投装置动作情况，及时调整备自投运行方式。 （8）综合变压器各部位检查结果和继电保护装置动作信息，分析确认故障设备，将事故原因汇报调度，快速隔离故障设备

续表

信息名称	告警分级	缺陷分类	信息原因	风险分析及预控措施
××变压器高压侧后备保护出口	事故	危急	变压器高后备保护包括高复压方向过流保护、高压方向零序电流保护、高压侧间隙过流保护、高压侧零序过压保护、高压侧失灵联跳保护等，是反映变压器和相邻元件（包括母线）相间短路和接地短路故障的后备保护。其保护范围可以通过控制字选择指向高压母线（系统）或变压器。 　　当变压器保护感受到的故障电流（电压）和时限达到动作定值，且方向元件动作时，保护动作出口跳开相应母联（分段）开关、高压侧开关或各侧开关。 　　原因分析：① 变压器及其套管、引出线故障时，变压器主保护拒动；② 母线、线路故障，相关保护拒动引发主变压器越级动作；③ 系统发生接地故障，大电流接地系统失去中性点接地点后，致使主变压器中性点电压升高或间隙击穿；④ 变压器低压侧母线故障	风险分析：变压器保护出口造成母联（分段）开关、主变压器本侧开关或各侧开关跳闸，可达七级及以上电网事件。若母联分段跳闸，会造成母线分列运行，影响电网潮流分布。如果主变压器各（单）侧开关跳闸，可能造成其他运行变压器过负荷。 　　预控措施： 　　（1）监控值班员核实断路器跳闸情况，收集事故信息并汇报调度，通知运维人员，做好相关操作的准备。 　　（2）调度人员应核对电网运行方式，及时切换主变压器中性点，并将故障设备隔离，尽快恢复非故障设备送电。 　　（3）运维人员到现场后应详细检查高压侧后备保护范围内的设备是否存在造成保护动作的故障，检查录波器有无短路引起的故障电流，检查是否存在越级跳闸的现象。 　　（4）认真检查相关保护动作信号、二次回路、直流电源系统和站用电系统的运行情况，若站用电系统全部失电应尽快恢复正常供电。 　　（5）按调度指令或现场运行规程的规定，调整变压器中性点运行方式。 　　（6）检查运行变压器是否过负荷，根据负荷情况投入冷却器。若变压器过负荷运行，应汇报值班调控人员转移负荷。 　　（7）检查失电母线及线路断路器，根据调度指令转移负荷。 　　（8）若发现后备保护范围内有明显故障点，应立即汇报值班调控人员，按照调度指令隔离故障点。若确认出线断路器越级跳闸，在隔离故障点后，汇报值班调控人员，按调度指令处理

信息名称	告警分级	缺陷分类	信息原因	风险分析及预控措施
××变压器中压侧后备保护出口	事故	危急	变压器中后备保护包括中复压方向过流保护、中压方向零序电流保护、中压侧间隙过流保护、中压侧零序过压保护、中压侧失灵联跳保护等，是反映变压器和相邻元件（包括母线）相间短路和接地短路故障的后备保护。其保护范围可以通过控制字选择指向中压母线（系统）或变压器。 当变压器保护感受到的故障电流（电压）和时限达到动作定值，且方向元件动作时，保护动作出口跳开相应母联（分段）开关、中压侧开关或各侧开关。 原因分析：① 变压器及其套管、引出线故障时，变压器主保护拒动；② 母线、线路故障，相关保护拒动引发主变压器越级动作；③ 系统发生接地故障，大电流接地系统失去中性点接地点后，致使主变压器中性点电压升高或间隙击穿	风险分析：变压器保护出口造成母联（分段）开关、主变压器本侧开关或各侧开关跳闸，可达七级及以上电网事件。若母联分段跳闸，会造成母线分列运行，影响电网潮流分布。如果主变压器各（单）侧开关跳闸，可能造成其他运行变压器过负荷。 预控措施： （1）监控值班员核实断路器跳闸情况，收集事故信息并汇报调度，通知运维人员，做好相关操作的准备。 （2）调度人员应核对电网运行方式，及时切换主变压器中性点，并将故障设备隔离，尽快恢复非故障设备送电。 （3）运维人员到现场后应详细检查中压侧后备保护范围内的设备是否存在造成保护动作的故障，检查录波器有无短路引起的故障电流，检查是否存在越级跳闸的现象。 （4）认真检查相关保护动作信号、二次回路、直流电源系统和站用电系统的运行情况，若站用电系统全部失电应尽快恢复正常供电。 （5）按调度指令或现场运行规程的规定，调整变压器中性点运行方式。 （6）检查运行变压器是否过负荷，根据负荷情况投入冷却器。若变压器过负荷运行，应汇报值班调控人员转移负荷。 （7）检查失电母线及线路断路器，根据调度指令转移负荷。 （8）若发现后备保护范围内有明显故障点，应立即汇报值班调控人员，按照调度指令隔离故障点。若确认出线断路器越级跳闸，在隔离故障点后，汇报值班调控人员，按调度指令处理

信息名称	告警分级	缺陷分类	信息原因	风险分析及预控措施
××变压器低压侧×分支后备保护出口	事故	危急	变压器高后备保护包括低复压过流保护、低压侧过流保护等。其保护范围为低压侧出线及母线。 当变压器保护感受到的故障电流（电压）和时限达到动作定值，保护动作出口跳开相应母联（分段）开关、低压侧开关或各侧开关。 原因分析：① 低压线路故障，线路保护拒动引发主变压器越级动作；② 低压侧母线故障	风险分析：变压器保护出口造成母联（分段）开关、主变压器本侧开关或各侧开关跳闸，可达七级及以上电网事件。若母联分段跳闸，会造成母线分列运行，影响电网潮流分布。如果主变压器各（单）侧开关跳闸，可能造成其他运行变压器过负荷。 预控措施： （1）监控值班员核实断路器跳闸情况，收集事故信息并汇报调度，通知运维人员，做好相关操作的准备。 （2）调度人员应核对电网运行方式，及时切换主变压器中性点，并将故障设备隔离，尽快恢复非故障设备送电。 （3）运维人员到现场后应详细检查低压侧后备保护范围内的设备是否存在造成保护动作的故障，检查录波器有无短路引起的故障电流，检查是否存在越级跳闸的现象。 （4）认真检查相关保护动作信号、二次回路、直流电源系统和站用电系统的运行情况，若站用电系统全部失电应尽快恢复正常供电。 （5）按调度指令或现场运行规程的规定，调整变压器中性点运行方式。 （6）检查运行变压器是否过负荷，根据负荷情况投入冷却器。若变压器过负荷运行，应汇报值班调控人员转移负荷。 （7）检查失电母线及线路断路器，根据调度指令转移负荷。 （8）若发现后备保护范围内有明显故障点，应立即汇报值班调控人员，按照调度指令隔离故障点。若确认出线断路器越级跳闸，在隔离故障点后，汇报值班调控人员，按调度指令处理

续表

信息名称	告警分级	缺陷分类	信息原因	风险分析及预控措施
××变压器过励磁保护出口	事故	危急	变压器在运行中由于电压升高或频率降低，将会使变压器处于过励磁运行状态，此时变压器铁心饱和，励磁电流急剧增加，励磁电流波形发生畸变，产生高次谐波，从而使内部损耗增大，铁心温度升高，严重时造成铁心变形，损伤介质绝缘。 变压器过励磁越严重时，发热越多，需要在较短时间内切除；过励磁较轻时，允许变压器运行的时间较长，因此过励磁保护采用反时限特性。 当变压器保护通过电压 U 和频率 f 计算得到过励磁倍数达到定值且满足反时限特性时，保护动作，跳开主变压器三侧开关。 原因分析：① 系统频率过低；② 变压器高压侧电压升高；③ 保护误动	风险分析：变压器保护出口造成各侧开关跳闸，可达七级及以上电网事件。 预控措施： （1）监控值班员核实断路器跳闸情况，收集事故信息并汇报调度，通知运维人员，做好相关操作的准备。 （2）调度人员应核对电网运行方式，及时切换主变压器中性点，并将故障设备隔离，尽快恢复非故障设备送电。 （3）运维人员到现场后应详细检查相关保护动作信号、二次回路，确认保护动作时母线电压曲线是否异常升高、频率是否降低、电压采样二次回路是否存在缺陷。 （4）认真检查相关直流电源系统和站用电系统的运行情况，若站用电系统全部失电应尽快恢复正常供电。 （5）按调度指令或现场运行规程的规定，调整变压器中性点运行方式。 （6）检查运行变压器是否过负荷，根据负荷情况投入冷却器。若变压器过负荷运行，应汇报值班调控人员转移负荷。 （7）检查站内备自投装置动作情况，及时调整备自投运行方式。 （8）综合变压器各部位检查结果和继电保护装置动作信息，分析确认故障设备，将事故原因汇报调度

续表

信息名称	告警分级	缺陷分类	信息原因	风险分析及预控措施
××变压器失灵保护联跳三侧	事故	危急	根据《国家电网公司十八项电网重大反事故措施（修订版）》第15.2.11.3条的要求：变压器的断路器失灵时，除应跳开失灵断路器相邻的全部断路器外，还应跳开本变压器连接其他电源侧的断路器。以防止其他侧电源仍能向故障点提供短路电流。 　　变压器保护在接收到变压器高（中）压侧断路器失灵保护动作开入后，经灵敏得到、不需整定的电流元件并带50ms延时后跳开变压器各侧断路器。 　　原因分析：① 主变压器高压侧开关失灵保护动作；② 主变压器中压侧开关失灵保护动作；③ 二次回路造成的保护误动	风险分析：变压器失灵保护联跳三侧出口造成变压器各侧开关跳闸，可达七级及以上电网事件。 　　预控措施： 　　（1）监控值班员核实断路器跳闸情况，收集事故信息并汇报调度，通知运维人员，做好相关操作的准备。 　　（2）调度人员应核对电网运行方式，及时切换主变压器中性点，并将故障设备隔离，尽快恢复非故障设备送电。 　　（3）运维人员到现场后应立即现场保护范围内一次设备，重点检查变压器高（中）压侧开关是否拒动、外观有无明显异常和故障迹象。 　　（4）认真检查相关保护动作信号、二次回路、直流电源系统和站用电系统的运行情况，若站用电系统全部失电应尽快恢复正常供电。 　　（5）按调度指令或现场运行规程的规定，调整变压器中性点运行方式及母线运行方式。 　　（6）综合各设备检查结果和继电保护装置动作信息，分析确认故障设备，将事故原因汇报调度，快速隔离故障设备
××变压器保护装置故障	异常	危急	主变压器保护装置自检、巡检发生严重错误，装置闭锁所有保护功能。 　　原因分析：① 保护装置内存出错、定值区出错等硬件本身故障；② 装置失电或闭锁	风险分析：主变压器保护装置处于不可用状态，导致故障不能及时被切除，造成主设备损坏，由上一级保护越级动作，扩大事故范围，影响电网安全稳定运行。 　　预控措施： 　　（1）监控值班员应立即汇报调度人员，通知运维单位，加强运行监控，及时掌握设备运行情况。 　　（2）调度人员应做好事故预想，合理安排站内设备运行方式，下达调度指令。 　　（3）运维人员应仔细检查主变压器保护装置各信号指示灯，记录液晶面板显示内容，并结合其他装置进行综合判断。 　　（4）根据检查结果汇报调度，停运相应的保护装置

信息名称	告警分级	缺陷分类	信息原因	风险分析及预控措施
××变压器保护装置异常	异常	危急	主变压器保护装置自检、巡检发生异常，不闭锁保护，但部分保护功能会受到影响。 原因分析：① TA 断线；② TV 断线；③ 内部通信出错；④ CPU 检测到电流、电压采样异常；⑤ 装置长期启动	风险分析：主变压器保护装置异常会影响主变压器保护动作的灵敏性和选择性，造成保护误动、拒动或越级动作，扩大事故范围，影响电网安全稳定运行。 预控措施： （1）监控值班员应立即汇报调度人员，通知运维单位，加强运行监控，及时掌握设备运行情况。 （2）调度人员应做好事故预想，根据现场检查结果确定是否拟定下达调度指令。 （3）运维人员应仔细检查主变压器保护装置各信号指示灯，记录液晶面板显示内容，并结合其他装置进行综合判断。 （4）根据检查结果汇报调度，必要时停运相应保护功能。 （5）不能自行处理时申请专业班组到站检查处置
××变压器保护过负荷告警	异常	严重	主变压器保护某一侧电流高于过负荷告警定值。 原因分析：① 变压器过载运行；② 电网发生故障，潮流转移导致事故过负荷	风险分析：主变压器处于过负荷运行会造成主变压器发热，加速绝缘老化，影响主变压器寿命，严重时会诱发本体短路故障。 预控措施： （1）监控值班员应汇报调度人员，通知运维单位，做好相应记录，根据现场处置情况或调度令制定相应的监控措施，及时掌握 $N-1$ 后设备运行情况。 （2）调度人员应核对电网运行方式，做好 $N-1$ 事故预想及转移负荷准备。 （3）运维人员应手动投入所有冷却器，持续加强运行监控，超过规定值时及时向调度汇报，必要时申请降低负荷或转移负荷。 （4）变压器过负荷期间不得进行调压操作

信息名称	告警分级	缺陷分类	信息原因	风险分析及预控措施
××变压器保护 TA 断线	异常	危急	主变压器保护装置检测到某一侧 TA 二次回路开路或采样值异常等原因超过 TA 断线定值。 原因分析：① 主变压器保护装置采样插件损坏；② TA 二次接线松动；③ TA 损坏	风险分析：主变压器保护 TA 断线影响部分保护功能，会造成差动元件闭锁、过流元件不可用，影响保护的灵敏性和选择性，造成保护误动、拒动或越级动作，扩大事故范围，影响电网安全稳定运行。 预控措施： （1）监控值班员应立即汇报调度人员，通知运维单位，加强运行监控，及时掌握设备运行情况。 （2）调度人员应做好事故预想，根据现场检查结果确定是否拟定下达调度指令。 （3）运维人员应仔细检查装置面板采样，确定 TA 采样异常相别，现场检查端子箱、保护装置电流接线端子连片紧固情况，设备区 TA 有无异常声响。 （4）运维人员根据检查结果汇报调度，必要时停运相应保护功能或一次设备。不能自行处理时申请专业班组到站检查处置
××变压器保护 TV 断线	异常	危急	主变压器保护装置检测到某一侧电压消失或三相不平衡。 原因分析：① 主变压器保护装置采样插件损坏；② TV 二次接线松动；③ TV 二次空气开关跳开；④ TV 异常；⑤ 合并单元电压未切换	风险分析：主变压器保护 TV 断线影响部分保护功能，会造成阻抗元件闭锁、方向元件不可用，影响保护的灵敏性和选择性，造成保护误动、拒动或越级动作，扩大事故范围，影响电网安全稳定运行。 预控措施： （1）监控值班员应立即汇报调度人员，通知运维单位，加强运行监控，及时掌握设备运行情况。 （2）调度人员做好事故预想，根据现场检查结果确定是否拟定下达调度指令。 （3）运维人员应仔细检查装置面板采样，确定 TV 采样异常相别，现场检查各级 TV 电压空开运行状态，核实端子排及连片的紧固情况。 （4）运维人员根据检查结果汇报调度，必要时停运相应保护功能或一次设备。 （5）不能自行处理时申请专业班组到站检查处置

信息名称	告警分级	缺陷分类	信息原因	风险分析及预控措施
××变压器保护装置通信中断	异常	严重	主变压器保护装置与站控层网络通信中断。 原因分析：① 主变压器保护内部通信参数设置错误；② 主变压器保护通信插件故障；③ 通信连接松动；④ 通信协议转换器故障；⑤ 站控层交换机故障	风险分析：主变压器保护与站控层网络通信中断后，相应保护告警及动作信息无法上传监控后台及调控中心，使得主变压器保护失去监视，影响事故处理进度。 预控措施： （1）监控值班员应通知运维人员现场检查主变压器保护装置及通信回路运行情况，并加强监视。 （2）运维人员应通知专业班组检查保护装置及其与站控层交换机的连接情况
××变压器保护SV总告警	异常	危急	智能变电站主变压器保护采用 SV 报文传递母线电压、间隔电流、中性点电流以及采样延时等重要信息，一旦监测到 SV 报文链路中断或采样数据异常，保护装置便会触发 SV 总告警信号。 原因分析：① 合并单元采集模块、电源模块、CPU 等内部元件损坏；② 合并单元电源失电；③ 合并单元发光模块异常；④ 合并单元采样数据异常；⑤ 保护装置至合并单元链路中断	风险分析：主变压器保护 SV 总告警影响保护装置采样，造成电流、电压计算数据不正确、不同步，影响差动元件、方向元件的正确性，导致主变压器保护功能闭锁，导致故障不能及时被切除，造成主设备损坏，由上一级保护越级动作，扩大事故范围，影响电网安全稳定运行。 预控措施： （1）发出"××变压器保护 SV 总告警"信号后，监控值班员应查看是否出现"××变压器保护 SV 采样数据异常"或"××变压器保护 SV 采样链路中断"等伴随信号，做出初步判断，汇报调度，并通知运维单位现场处置。 （2）调度人员应做好事故预想，根据现场检查结果确定是否拟定下达调度指令。 （3）运维人员应现场检查保护装置及合并单元信号灯是否正常，检修压板投退是否正确，光纤插口是否松动、连接光口是否损坏。 （4）运维人员根据检查结果汇报调度，必要时停运相应保护功能或一次设备。 （5）不能自行处理时申请专业班组到站检查处置，检查保护装置及合并单元配置文件是否正确、光纤衰耗是否异常等，及时更换备用纤或光口

信息名称	告警分级	缺陷分类	信息原因	风险分析及预控措施
××变压器保护 SV 采样数据异常	异常	危急	智能变电站主变压器保护装置模拟量采样数据自检校验出错。 原因分析：① 保护装置及合并单元双通道采样不一致；② 采样数据时序异常导致采样失步、丢失；③ 保护装置与合并单元检修压板投入不一致，导致采样品位异常；④ 采样数据出错，品质位无效	风险分析：主变压器保护 SV 采样数据异常会闭锁保护功能，导致故障不能及时被切除，造成主设备损坏，由上一级保护越级动作，扩大事故范围，影响电网安全稳定运行。 预控措施： （1）发出"××变压器保护 SV 采样数据异常"信号后，监控值班员应立即汇报调度人员，通知运维单位，加强运行监控，及时掌握设备运行情况。 （2）调度人员做好事故预想，根据现场检查结果确定是否拟定下达调度指令。 （3）运维人员应现场检查保护装置及合并单元信号灯是否正常，检修压板投退是否正确。 （4）运维人员根据检查结果汇报调度，必要时停运相应保护功能或一次设备。 （5）不能自行处理时申请专业班组到站检查处置，检查保护装置及合并单元配置文件是否正确、光纤衰耗是否异常等，及时更换备用纤或光口

信息名称	告警分级	缺陷分类	信息原因	风险分析及预控措施
××变压器保护SV采样链路中断	异常	危急	智能变电站主变压器保护装置收不到预期的SV数据报文。 原因分析：① 保护装置或合并单元配置文件有误；② 保护装置接收光口损坏；③ SV光纤回路衰耗大或光纤折断；④ 合并单元发送光口损坏	风险分析：主变压器保护SV采样链路中断会闭锁保护功能，导致故障不能及时被切除，造成主设备损坏，由上一级保护越级动作，扩大事故范围，影响电网安全稳定运行。 预控措施： （1）发出"××变压器保护SV采样链路中断"信号后，监控值班员应立即汇报调度人员，通知运维单位，加强运行监控，及时掌握设备运行情况。 （2）调度人员做好事故预想，根据现场检查结果确定是否拟定下达调度指令。 （3）运维人员应现场检查保护装置及合并单元信号灯是否正常，光纤光口是否正常。 （4）运维人员检查结果汇报调度，必要时停运相应保护功能或一次设备。 （5）不能自行处理时申请专业班组到站检查处置，检查保护装置及合并单元配置文件是否正确、光纤衰耗是否异常等，及时更换备用纤或光口

续表

信息名称	告警分级	缺陷分类	信息原因	风险分析及预控措施
××变压器保护GOOSE总告警	异常	危急	智能变电站主变压器保护采用GOOSE报文传递失灵联跳开入等重要信息，一旦监测到GOOSE报文链路中断或采样数据异常，保护装置便会触发GOOSE总告警信号。 原因分析：① 母线保护异常或闭锁；② 母线保护电源失电；③ 母线保护发光模块异常；④ 母线保护发送数据异常；⑤ 保护装置至母线保护光纤折断	风险分析：主变压器保护接收不到母线保护失灵联跳开入信号，影响失灵联跳三侧保护功能，导致主变压器高（中）侧断路器失灵时不能及时隔离故障点，造成主设备损坏，由上一级保护越级动作，扩大事故范围，影响电网安全稳定运行。 预控措施： （1）发出"××变压器保护GOOSE总告警"信号后，监控值班员应查看是否出现"××变压器保护GOOSE采样数据异常"或"××变压器保护GOOSE采样链路中断"等伴随信号，做出初步判断，汇报调度，并通知运维单位现场处置。 （2）调度人员做好事故预想，根据现场检查结果确定是否拟定下达调度指令。 （3）运维人员现场检查主变压器保护和母线保护信号灯是否正常，检修压板投退是否正确，光纤插口是否松动、连接光口是否损坏。 （4）运维人员检查结果汇报调度，必要时停运相应保护功能或一次设备。 （5）不能自行处理时申请专业班组到站检查处置，检查主变压器保护和母线保护配置文件是否正确、光纤衰耗是否异常等，及时更换备用纤或光口

信息名称	告警分级	缺陷分类	信息原因	风险分析及预控措施
××变压器保护GOOSE数据异常	异常	危急	智能变电站主变压器保护装置接收母线保护GOOSE报文，正常时每5s发送一帧，有变位时按2、2、4、8ms时间间隔发送。当主变压器保护订阅数据自检校验出错时，会触发GOOSE数据异常告警。 　　原因分析：① 主变压器保护接收GOOSE报文丢帧、重复、序号逆转；② 主变压器保护与母线保护两侧配置有差异，GOOSE报文内容不匹配	风险分析：主变压器保护GOOSE采样数据异常会影响失灵联跳三侧保护功能，导致主变压器高（中）侧断路器失灵时不能及时隔离故障点，造成主设备损坏，由上一级保护越级动作，扩大事故范围，影响电网安全稳定运行。 　　预控措施： 　　（1）发出"××变压器保护GOOSE数据异常"信号后，监控值班员应立即汇报调度人员，通知运维单位，加强运行监控，及时掌握设备运行情况。 　　（2）调度人员应做好事故预想，根据现场检查结果确定是否拟定下达调度指令。 　　（3）运维人员应现场检查主变压器保护及母线保护信号灯是否正常，检修压板投退是否正确。 　　（4）运维人员根据检查结果汇报调度，必要时停运相应保护功能或一次设备。 　　（5）不能自行处理时申请专业班组到站检查处置，检查保护装置及母线保护配置文件是否正确、光纤衰耗是否异常等，及时更换备用纤或光口

信息名称	告警分级	缺陷分类	信息原因	风险分析及预控措施
××变压器保护GOOSE链路中断	异常	危急	智能变电站主变压器保护装置在 2 倍保护生存时间（20s）内未收到下一帧报文，接收方即发出 GOOSE 链路中断。 原因分析：① 主变压器保护或母线保护配置文件有误；② 保护装置接收光口损坏；③ GOOSE 光纤回路衰耗大或光纤折断；④ 母线保护发送光口损坏	风险分析：主变压器保护 GOOSE 链路中断会影响失灵联跳三侧保护功能，导致主变压器高（中）侧断路器失灵时不能及时隔离故障点，造成主设备损坏，由上一级保护越级动作，扩大事故范围，影响电网安全稳定运行。 预控措施： （1）发出"××变压器保护 GOOSE 链路中断"信号后，监控值班员应立即汇报调度人员，通知运维单位，加强运行监控，及时掌握设备运行情况。 （2）调度人员应做好事故预想，根据现场检查结果确定是否拟定下达调度指令。 （3）运维人员应现场检查主变压器保护及母线保护信号灯是否正常，光纤光口是否正常。 （4）运维人员根据检查结果汇报调度，必要时停运相应保护功能或一次设备。 （5）不能自行处理时申请专业班组到站检查处置，检查保护装置及母线保护配置文件是否正确、光纤衰耗是否异常等，及时更换备用纤或光口

信息名称	告警分级	缺陷分类	信息原因	风险分析及预控措施
××变压器保护对时异常	异常	严重	主变压器保护不能准确地实现时钟同步功能。 原因分析：① GPS 天线异常；② GPS 时钟同步装置异常；③ GPS 时钟扩展装置异常；④ GPS 与主变压器保护之间链路异常；⑤ 主变压器保护对时模块、守时模块异常	风险分析：保护装置处理数据采用插值同步算法，不依赖于外部对时信号，对保护功能不会造成影响。由于装置时钟不同步，导致保护报文时标错误，不利于故障时序分析及回溯。 预控措施： （1）监控值班员发现异常信号，应通知运维人员现场检查。当站内出现多个装置同时发对时异常信号时，则可判断为对时装置出现异常。 （2）运维人员现场检查主变压器保护及时间同步装置运行情况，核查设备与后台的时间是否一致。 （3）若同步对时装置正常，更换同步对时输出端口，若告警消失，则判断同步对时装置的输出口损坏，更换输出模板或端口。 （4）若采用光 B 码对时，则利用备用光纤、尾纤替换现用光纤尾纤，若告警消失，则判断由于对时光纤损坏或由于光纤衰耗过大影响同步信号传输，更换光纤或纤芯。 （5）若采用电 B 码对时，则检查装置插件是否插件，端子排连接是否紧固。 （6）不能自行处理时申请专业班组到站检查处置，利用仪器在接受端测量对时信号

信息名称	告警分级	缺陷分类	信息原因	风险分析及预控措施
××变压器保护检修不一致	异常	危急	保护装置对合并单元、智能终端等设备上送报文的检修标志进行实时检测，并与装置自身的检修状态进行比较。如二者一致，将接收的数据应用于保护逻辑，保护正确动作；当二者不一致时，根据不同报文，选择性地闭锁相关元件。 　原因分析：① 现场运维人员误操作；② 检修压板开入异常	风险分析：因检修状态不一致，相应采样、开入信号不能加入保护启动及动作程序，导致保护被误闭锁，不能及时隔离故障点，造成主设备损坏，由上一级保护越级动作，扩大事故范围，影响电网安全稳定运行。 　预控措施： （1）监控值班员收到信号后应汇报调度，并通知运维人员，加强运行监控。 （2）运维人员应现场检查装置 GOOSE 检修信号灯是否正常，是否能够正常复归，若不能复归，逐级检查检修压板是否一致。 （3）不能自行处理时申请专业班组到站检查处置，检查装置 GOOSE 接收控制模块是否出错，必要时申请停用该套装置更换相关硬件。 （4）更换硬件后应进行相应的装置试验，保证更换前后保护功能的正确性
××变压器保护检修压板投入	异常	危急	同"××变压器保护检修不一致"	同"××变压器保护检修不一致"

6.2　断路器保护监控信息

信息名称	告警分级	缺陷分类	信息原因	风险分析及预控措施
××断路器保护出口	事故	危急	330kV 及以上电压等级采用 3/2 接线的断路器配置有断路器保护，具有失灵保护、重合闸、充电过流、三相不一致和死区保护等功能。"××断路器保护出口"信号为断路器保护动作合成总信号，包含单相跟跳动作、三相跟跳动作、两相联跳三相动作、断路器充电过流保护动作、充电零序保护动作、三相不一致保护动作等信号	风险分析：断路器保护出口造成边断路器或中断路器跳闸，影响电网安全稳定运行。 预控措施： （1）监控值班员核实断路器跳闸情况，收集事故信息并汇报调度，通知运维人员，做好相关操作的准备。 （2）调度人员应核对电网运行方式，了解故障原因，并将故障设备隔离，尽快恢复非故障设备送电。 （3）运维人员到现场后应立即检查保护范围内一次设备，核对断路器的实际位置。 （4）综合各部位检查结果和继电保护装置动作信息，分析确认故障设备，将事故原因汇报调度，快速隔离故障设备。 （5）不能自行处理时申请专业班组到站检查处置
××断路器失灵保护出口	事故	危急	断路器在事故时拒动，由断路器失灵保护动作，跳相邻断路器、启母差失灵、启主变压器失灵、远跳线路对侧边断路器和中断路器。 原因分析：① 断路器本体存在缺陷，事故时拒动；② 故障点发生在断路器与 TA 之间的死区部位；③ 因二次回路缺陷导致失灵保护误动	风险分析：边断路器失灵后，造成同一母线侧边断路器跳闸、同串中断路器跳闸、远跳线路对侧断路器、失灵联跳主变压器三侧断路器；中断路器失灵后，造成同串线路远跳对侧断路器、失灵联跳主变压器三侧断路器，扩大了事故停电范围，影响电网安全稳定运行。 预控措施： （1）监控值班员核实断路器跳闸情况，收集事故信息并汇报调度，通知运维人员，做好相关操作的准备。 （2）调度人员应核对电网运行方式，了解故障原因，并将故障设备隔离，尽快恢复非故障设备送电。 （3）运维人员到现场后应立即检查保护范围内一次设备，核对断路器的实际位置。 （4）综合各部位检查结果和继电保护装置动作信息，分析确认故障设备，将事故原因汇报调度，快速隔离故障设备。 （5）不能自行处理时申请专业班组到站检查处置

信息名称	告警分级	缺陷分类	信息原因	风险分析及预控措施
××断路器保护沟通三跳出口	事故	危急	线路故障后断路器保护沟通三跳出口。 原因分析：① 重合闸为三重方式或重合闸停用；② 有低气压闭锁重合闸或闭锁重合闸开入；③ 保护装置重合闸充电未完成	风险分析：线路发生单相或相间故障，断路器均三跳不重合，降低了供电安全性，增加了停电损失。 预控措施： （1）监控值班员核实断路器跳闸情况，收集事故信息并汇报调度，通知运维人员，做好相关操作的准备。 （2）调度人员应核对电网运行方式，了解故障原因，并将故障设备隔离，尽快恢复非故障设备送电。 （3）运维人员到现场后应立即检查保护范围内一、二次设备，核对断路器的实际位置，确认重合闸方式。 （4）综合各部位检查结果和继电保护装置动作信息，分析确认故障设备，将事故原因汇报调度，快速隔离故障设备
××断路器保护重合闸出口	事故	严重	线路发生故障跳闸后，断路器自动重合。 原因分析：① 线路故障后断路器跳闸；② 断路器偷跳；③ 保护装置误发重合闸信号	风险分析：线路断路器故障跳闸后可通过断路器保护装置的自动重合闸"功能模块"进行重合，若因二次回路故障（如重合闸出口压板未投），虽然自动重合闸模块出口触点动作，而断路器未重合，扩大了事故停电范围，影响电网安全稳定运行。 预控措施： （1）监控值班员核实断路器跳闸情况，收集事故信息并汇报调度，通知运维人员，做好相关操作的准备。 （2）调度人员应核对电网运行方式，了解故障原因，并将故障设备隔离，尽快恢复非故障设备送电。 （3）运维人员到现场后应立即检查保护范围内一、二次设备，核对断路器的实际位置，确认重合闸方式。 （4）综合各部位检查结果和继电保护装置动作信息，分析确认故障设备，将事故原因汇报调度。 （5）若断路器重合后再次跳闸，需快速隔离故障设备

信息名称	告警分级	缺陷分类	信息原因	风险分析及预控措施
××断路器保护装置故障	异常	危急	断路器保护装置自检、巡检发生严重错误，装置闭锁所有保护功能。 原因分析：① 保护装置内存出错、定值区出错等硬件本身故障；② 装置失电或闭锁	风险分析：断路器保护装置处于不可用状态，导致故障不能及时被切除，造成主设备损坏，由上一级保护越级动作，扩大事故范围，影响电网安全稳定运行。 预控措施： （1）监控值班员应立即汇报调度人员，通知运维单位，加强运行监控，及时掌握设备运行情况。 （2）调度人员应做好事故预想，合理安排站内设备运行方式，下达调度指令。 （3）运维人员应仔细检查断路器保护装置各信号指示灯，记录液晶面板显示内容，并结合其他装置进行综合判断。 （4）根据检查结果汇报调度，停运相应的保护装置
××断路器保护装置异常	异常	危急	断路器保护装置自检、巡检发生异常，不闭锁保护，但部分保护功能会受到影响。 原因分析：① TA 断线；② TV 断线；③ 内部通信出错；④ CPU 检测到电流、电压采样异常；⑤ 装置长期启动	风险分析：断路器保护装置异常会影响断路器保护动作的灵敏性和选择性，造成保护误动、拒动或越级动作，扩大事故范围，影响电网安全稳定运行。 预控措施： （1）监控值班员应立即汇报调度人员，通知运维单位，加强运行监控，及时掌握设备运行情况。 （2）调度人员应做好事故预想，根据现场检查结果确定是否拟定下达调度指令。 （3）运维人员应仔细检查断路器保护装置各信号指示灯，记录液晶面板显示内容，并结合其他装置进行综合判断。 （4）根据检查结果汇报调度，必要时停运相应保护功能。 （5）不能自行处理时申请专业班组到站检查处置

信息名称	告警分级	缺陷分类	信息原因	风险分析及预控措施
××断路器保护TA断线	异常	危急	断路器保护装置检测到某一侧TA二次回路开路或采样值异常等原因超过TA断线定值。 原因分析：① 断路器保护装置采样插件损坏；② TA二次接线松动；③ TA损坏	风险分析：断路器保护TA断线影响部分保护功能，会造成过流元件不可用，影响保护的灵敏性和选择性，造成保护误动、拒动或越级动作，扩大事故范围，影响电网安全稳定运行。 预控措施： （1）监控值班员应立即汇报调度人员，通知运维单位，加强运行监控，及时掌握设备运行情况。 （2）调度人员应做好事故预想，根据现场检查结果确定是否拟定下达调度指令。 （3）运维人员应仔细检查装置面板采样，确定TA采样异常相别，现场检查端子箱、保护装置电流接线端子连片紧固情况，设备区TA有无异常声响。 （4）运维人员根据检查结果汇报调度，必要时停运相应保护功能或一次设备。 （5）不能自行处理时申请专业班组到站检查处置
××断路器保护TV断线	异常	危急	断路器保护装置检测到某一侧电压消失或三相不平衡。 原因分析：① 断路器保护装置采样插件损坏；② TV二次接线松动；③ TV二次空气开关跳开；④ TV异常	风险分析：断路器保护TV断线影响部分保护功能，会造成重合闸放电，扩大事故范围，影响电网安全稳定运行。 预控措施： （1）监控值班员应立即汇报调度人员，通知运维单位，加强运行监控，及时掌握设备运行情况。 （2）调度人员应做好事故预想，根据现场检查结果确定是否拟定下达调度指令。 （3）运维人员应仔细检查装置面板采样，确定TV采样异常相别，现场检查各级TV电压空气开关运行状态，核实端子排及连片的紧固情况。 （4）运维人员根据检查结果汇报调度，必要时停运相应保护功能或一次设备。 （5）不能自行处理时申请专业班组到站检查处置

信息名称	告警分级	缺陷分类	信息原因	风险分析及预控措施
××断路器保护重合闸闭锁	异常	危急	断路器保护重合闸被闭锁，功能不可用。 原因分析：① 断路器机构低压气闭锁重合闸开入；② 断路器永跳、遥跳、遥合闭锁重合闸；③ 断路器手合、手跳闭锁重合闸；④ 另一套保护的闭锁重合闸开入	风险分析：线路发生单相或相间故障，断路器均三跳不重合，降低了供电安全性，增加了停电损失。 预控措施： （1）监控值班员应收集相关伴随信号，初步判断后汇报调度，通知运维人员现场处理。 （2）运维人员到现场后应立即检查保护范围内一、二次设备，核对重合闸方式，检查断路器压力。 （3）综合各部位检查结果和继电保护装置报文信息，分析确认重合闸闭锁原因，并汇报调度。 （4）不能自行处理时申请专业班组到站检查处置
××断路器保护通信中断	异常	严重	断路器保护装置与站控层网络通信中断。 原因分析：① 断路器保护内部通信参数设置错误；② 断路器保护通信插件故障；③ 通信连接松动；④ 通信协议转换器故障；⑤ 站控层交换机故障	风险分析：断路器保护与站控层网络通信中断后，相应保护告警及动作信息无法上传监控后台及调控中心，使得断路器保护失去监视，影响事故处理进度。 预控措施： （1）监控值班员应通知运维人员现场检查断路器保护装置及通信回路运行情况，并加强监视。 （2）运维人员应通知专业班组检查保护装置及其与站控层交换机的连接情况

信息名称	告警分级	缺陷分类	信息原因	风险分析及预控措施
××断路器保护 SV 总告警	异常	危急	智能变电站断路器保护采用 SV 报文传递母线电压、间隔电流以及采样延时等重要信息，一旦监测到 SV 报文链路中断或采样数据异常，保护装置便会触发 SV 总告警信号。 原因分析：① 合并单元采集模块、电源模块、CPU 等内部元件损坏；② 合并单元电源失电；③ 合并单元发光模块异常；④ 合并单元采样数据异常；⑤ 保护装置至合并单元链路中断	风险分析：断路器保护 SV 总告警影响保护装置采样，造成电流、电压计算数据不正确、不同步，影响过流元件的正确性，导致断路器保护功能闭锁，导致故障不能及时被切除，造成主设备损坏，由上一级保护越级动作，扩大事故范围，影响电网安全稳定运行。 预控措施： （1）发出"××断路器保护 SV 总告警"信号后，监控值班员应查看是否出现"××断路器保护 SV 采样数据异常"或"××断路器保护 SV 采样链路中断"等伴随信号，做出初步判断，汇报调度，并通知运维单位现场处置。 （2）调度人员应做好事故预想，根据现场检查结果确定是否拟定下达调度指令。 （3）运维人员应现场检查保护装置及合并单元信号灯是否正常，检修压板投退是否正确，光纤插口是否松动、连接光口是否损坏。 （4）运维人员根据检查结果汇报调度，必要时停运相应保护功能或一次设备。 （5）不能自行处理时申请专业班组到站检查处置，检查保护装置及合并单元配置文件是否正确、光纤衰耗是否异常等，及时更换备用纤或光口

续表

信息名称	告警分级	缺陷分类	信息原因	风险分析及预控措施
××断路器保护SV采样数据异常	异常	危急	智能变电站断路器保护装置模拟量采样数据自检校验出错。 原因分析：① 保护装置及合并单元双通道采样不一致；② 采样数据时序异常导致采样失步、丢失；③ 保护装置与合并单元检修压板投入不一致，导致采样品质位异常；④ 采样数据出错，品质位无效	风险分析：断路器保护SV采样数据异常会闭锁保护功能，导致故障不能及时被切除，造成主设备损坏，由上一级保护越级动作，扩大事故范围，影响电网安全稳定运行。 预控措施： （1）发出"××断路器保护SV采样数据异常"信号后，监控值班员应立即汇报调度人员，通知运维单位，加强运行监控，及时掌握设备运行情况。 （2）调度人员应做好事故预想，根据现场检查结果确定是否拟定下达调度指令。 （3）运维人员应现场检查保护装置及合并单元信号灯是否正常，检修压板投退是否正确。 （4）运维人员根据检查结果汇报调度，必要时停运相应保护功能或一次设备。 （5）不能自行处理时申请专业班组到站检查处置，检查保护装置及合并单元配置文件是否正确、光纤衰耗是否异常等，及时更换备用纤或光口

续表

信息名称	告警分级	缺陷分类	信息原因	风险分析及预控措施
××断路器保护 SV 采样链路中断	异常	危急	智能变电站断路器保护装置收不到预期的 SV 数据报文。 原因分析：① 保护装置或合并单元配置文件有误；② 保护装置接收光口损坏；③ SV 光纤回路衰耗大或光纤折断；④ 合并单元发送光口损坏	风险分析：断路器保护 SV 采样链路中断会闭锁保护功能，导致故障不能及时被切除，造成主设备损坏，由上一级保护越级动作，扩大事故范围，影响电网安全稳定运行。 预控措施： （1）发出"××断路器保护 SV 采样链路中断"信号后，监控值班员应立即汇报调度人员，通知运维单位，加强运行监控，及时掌握设备运行情况。 （2）调度人员应做好事故预想，根据现场检查结果确定是否拟定下达调度指令。 （3）运维人员应现场检查保护装置及合并单元信号灯是否正常，光纤光口是否正常。 （4）运维人员根据检查结果汇报调度，必要时停运相应保护功能或一次设备。 （5）不能自行处理时申请专业班组到站检查处置，检查保护装置及合并单元配置文件是否正确、光纤衰耗是否异常等，及时更换备用纤或光口

信息名称	告警分级	缺陷分类	信息原因	风险分析及预控措施
××断路器保护GOOSE总告警	异常	危急	智能变电站断路器保护采用 GOOSE 报文传递开关位置开入、跳闸开入、联闭锁信号（如闭锁重合闸开入等）等重要信息，一旦监测到 GOOSE 报文链路中断或采样数据异常，保护装置便会触发 GOOSE 总告警信号。 原因分析：① 智能终端或其他保护异常或闭锁；② 智能终端或其他保护电源失电；③ 智能终端或其他保护发光模块异常；④ 智能终端或其他保护发送数据异常；⑤ 断路器保护装置至智能终端或过程层交换机光纤折断	风险分析：开关保护接收不到启动失灵开入、开关位置等信号，影响失灵保护及重合闸功能，扩大事故范围，影响电网安全稳定运行。 预控措施： （1）发出"××断路器保护 GOOSE 总告警"信号后，监控值班员应查看是否出现"××断路器保护 GOOSE 采样数据异常"或"××断路器保护 GOOSE 采样链路中断"等伴随信号，做出初步判断，汇报调度，并通知运维单位现场处置。 （2）调度人员应做好事故预想，根据现场检查结果确定是否拟定下达调度指令。 （3）运维人员应现场检查断路器保护和有关联的智能终端或其他保护装置信号灯是否正常，检修压板投退是否正确，光纤插口是否松动、连接光口是否损坏。 （4）运维人员检查结果汇报调度，必要时停运相应保护功能或一次设备。 （5）不能自行处理时申请专业班组到站检查处置，检查断路器保护和有关联的智能终端或其他保护装置配置文件是否正确、光纤衰耗是否异常等，及时更换备用纤或光口

信息名称	告警分级	缺陷分类	信息原因	风险分析及预控措施
××断路器保护GOOSE数据异常	异常	危急	智能变电站断路器保护装置接收母线保护GOOSE报文,正常时每5s发送一帧,有变位时按2、4、8ms时间间隔发送。当断路器保护订阅数据自检校验出错时,会触发GOOSE数据异常告警。 　　原因分析:① 断路器保护接收GOOSE报文丢帧、重复、序号逆转;② 断路器保护与智能终端或其他保护间配置有差异,GOOSE报文内容不匹配	风险分析:断路器保护GOOSE采样数据异常会影响保护及重合闸功能,扩大事故范围,影响电网安全稳定运行。 　　预控措施: 　　(1)发出"××断路器保护GOOSE数据异常"信号后,监控值班员应立即汇报调度人员,通知运维单位,加强运行监控,及时掌握设备运行情况。 　　(2)调度人员做好事故预想,根据现场检查结果确定是否拟定下达调度指令。 　　(3)运维人员应现场检查断路器保护和有关联的智能终端或其他保护信号灯是否正常,检修压板投退是否正确。 　　(4)运维人员检查结果汇报调度,必要时停运相应保护功能或一次设备。 　　(5)不能自行处理时申请专业班组到站检查处置,检查断路器保护和有关联的智能终端或其他保护装置配置文件是否正确、光纤衰耗是否异常等,及时更换备用纤或光口

信息名称	告警分级	缺陷分类	信息原因	风险分析及预控措施
××断路器保护GOOSE链路中断	异常	危急	智能变电站断路器保护装置在2倍保护生存时间（20s）内未收到下一帧报文，接收方即发出GOOSE链路中断。 原因分析：① 断路器保护或有关联的智能终端或其他保护配置文件有误；② 保护装置接收光口损坏；③ GOOSE光纤回路衰耗大或光纤折断；④ 智能终端或其他保护发送光口损坏	风险分析：断路器保护GOOSE链路中断异常会影响保护及重合闸功能，扩大事故范围，影响电网安全稳定运行。 预控措施： （1）发出"××断路器保护GOOSE链路中断"信号后，监控值班员应立即汇报调度人员，通知运维单位，加强运行监控，及时掌握设备运行情况。 （2）调度人员应做好事故预想，根据现场检查结果确定是否拟定下达调度指令。 （3）运维人员应现场检查断路器保护和有关联的智能终端或其他保护信号灯是否正常，检修压板投退是否正确。 （4）运维人员检查结果汇报调度，必要时停运相应保护功能或一次设备。 （5）不能自行处理时申请专业班组到站检查处置，检查断路器保护和有关联的智能终端或其他保护装置配置文件是否正确、光纤衰耗是否异常等，及时更换备用纤或光口
××断路器保护对时异常	异常	严重	断路器保护不能准确地实现时钟同步功能。 原因分析：① GPS天线异常；② GPS时钟同步装置异常；③ GPS时钟扩展装置异常；④ GPS与开关保护之间链路异常；⑤ 开关保护对时模块、守时模块异常	风险分析：保护装置处理数据采用插值同步算法，不依赖于外部对时信号，对保护功能不会造成影响。由于装置时钟不同步，导致保护报文时标错误，不利于故障时序分析及回溯。 预控措施： （1）监控值班员发现异常信号，应通知运维人员现场检查。当站内出现多个装置同时发对时异常信号时，则可判断为对时装置出现异常。 （2）运维人员现场检查断路器保护及时间同步装置运行情况，核查设备与后台的时间是否一致。若同步对时装置正常，更换同步对时输出端口，若告警消失，则判断同步对时装置的输出口损坏，更换输出模板或端口。 （3）不能自行处理时申请专业班组到站检查处置

信息名称	告警分级	缺陷分类	信息原因	风险分析及预控措施
××断路器保护检修不一致	异常	危急	保护装置对合并单元、智能终端等设备上送报文的检修标志进行实时检测，并与装置自身的检修状态进行比较。如二者一致，将接收的数据应用于保护逻辑，保护正确动作；当二者不一致时，根据不同报文，选择性地闭锁相关元件。 　　原因分析：① 现场运维人员误操作；② 检修压板开入异常	风险分析：因检修状态不一致，相应采样、开入信号不能加入保护启动及动作程序，导致保护被误闭锁，不能及时隔离故障点，造成主设备损坏，由上一级保护越级动作，扩大事故范围，影响电网安全稳定运行。 预控措施： （1）监控值班员收到信号后应汇报调度，并通知运维人员，加强运行监控。 （2）运维人员应现场检查装置 GOOSE 检修信号灯是否正常，是否能够正常复归，若不能复归，逐级检查检修压板是否一致。 （3）不能自行处理时申请专业班组到站检查处置，检查装置 GOOSE 接收控制模块是否出错，必要时申请停用该套装置更换相关硬件。 （4）更换硬件后应进行相应的装置试验，保证更换前后保护功能的正确性
××断路器保护检修压板投入	异常	危急	同"××断路器保护检修不一致"	同"××断路器保护检修不一致"

6.3 线路保护监控信息

信息名称	告警分级	缺陷分类	信息原因	风险分析及预控措施
××线路保护出口	事故	危急	线路主保护或后备保护动作，为线路保护动作合成总信号。 原因分析：① 保护范围内的一次设备故障；② 保护误动	风险分析：线路保护出口造成断路器跳闸，造成线路非计划停运，影响电网安全稳定运行。 预控措施： （1）监控值班员核实断路器跳闸情况，查看是否出现"××线路主保护出口""××线路后备保护出口"等伴随信号，做出初步判断并汇报调度，通知运维人员，做好相关操作的准备。 （2）调度人员应核对电网运行方式及潮流变化情况，下达调度指令，并将故障设备隔离。 （3）运维人员应检查断路器跳闸位置及间隔设备是否存在故障，及时收集保护装置故障报告，结合录波器和其他保护动作启动情况，综合分析初步判断故障原因后，向调度汇报。 （4）检查站内备自投装置动作情况，及时调整备自投运行方式。 （5）若系保护装置误动，根据调度指令退出异常保护装置，并联系专业班组现场处理

续表

信息名称	告警分级	缺陷分类	信息原因	风险分析及预控措施
××线路主保护出口	事故	危急	线路主保护通过载波通道或光纤通道获取线路两侧电气量信息，对全线路内发生的各种类型故障，均能快速动作切除故障。线路主保护包括分相差动保护、零序差动保护、纵联差动保护、纵联方向保护、纵联距离保护等。其保护范围是构成纵联保护的线路两侧 TA 之间的部分，包括输电线路全长以及 TA 与架空线路之间的引出线、隔离开关、避雷器、电容式电压互感器、耦合电容器等一次设备。 　　根据 GB/T 14285—2006《继电保护和安全自动装置技术规程》第 4.6.2.1 条规定：具有全线速动保护的线路，其主保护的整组动作时间应为，对近端故障≤20ms；对远端故障≤30ms（不包括通道时间）。 　　当线路保护感受到两侧电流矢量和不平衡且满足特性曲线，或两侧方向/距离元件均判定故障点在线路正方向时，保护动作出口跳开两侧开关。 　　原因分析：① 输电线路存在故障；② 纵联保护范围内的其他一次设备故障；③ TA 饱和或二次开路、短路；④ 因二次回路错误、平行双回线互感等因素引起的保护误动	风险分析：线路主保护出口造成断路器跳闸，导致线路非计划停运，影响电网安全稳定运行。 　　预控措施： 　　（1）监控值班员核实断路器跳闸情况，收集事故信息并汇报调度，通知运维人员，做好相关操作的准备。 　　（2）调度人员应核对电网运行方式及潮流变化情况，下达调度指令，并将故障设备隔离。 　　（3）运维人员到达现场后应详细检查保护范围内的设备，核实断路器跳闸位置及间隔设备是否存在故障，及时收集保护装置故障报告，结合录波器和其他保护动作启动情况，综合分析初步判断故障原因后，向调度汇报。 　　（4）检查站内备自投装置动作情况，及时调整备自投运行方式。 　　（5）若系保护装置误动，根据调度指令退出异常保护装置，并联系专业班组现场处理

信息名称	告警分级	缺陷分类	信息原因	风险分析及预控措施
××线路后备保护出口	事故	危急	线路后备保护是反映单侧电气量的保护，包括相间及接地距离保护、零序电流保护、过流保护、过电压保护等，是反映线路和相邻元件（包括下一段线路和母线）相间短路和接地短路故障的后备保护。 当线路保护感受到的故障电流、故障电压达到动作定值，且方向元件动作时，保护出口跳开线路开关。 原因分析：① 输电线路存在故障；② 后备保护范围内的其他一次设备故障；③ TA 饱和或二次开路、短路；④ 因二次回路错误、平行双回线互感等因素引起的保护误动	风险分析：线路后备保护出口造成断路器跳闸，导致线路非计划停运，影响电网安全稳定运行。 预控措施： （1）监控值班员核实断路器跳闸情况，收集事故信息并汇报调度，通知运维人员，做好相关操作的准备。 （2）调度人员应核对电网运行方式及潮流变化情况，下达调度指令，并将故障设备隔离。 （3）运维人员到达现场后应详细检查保护范围内的设备，核实断路器跳闸位置及间隔设备是否存在故障，及时收集保护装置故障报告，结合录波器和其他保护动作启动情况，综合分析初步判断故障原因后，向调度汇报。 （4）检查站内备自投装置动作情况，及时调整备自投运行方式。 （5）若系保护装置误动，根据调度指令退出异常保护装置，并联系专业班组现场处理
××线路保护远跳出口	事故	危急	线路过电压保护、高抗保护、母线保护（非3/2接线）、失灵保护（3/2接线）、变压器保护（线变组）等保护动作的同时，都将向对侧发送远跳信号。当线路保护收到远方跳闸令，且就地判据满足后跳开本侧开关。 远方跳闸保护装置一般采用以下就地判据：① 零序、负序电流；② 零序、负序电压；③ 电流变化量；④ 低电流；⑤ 分相低功率因素；⑥ 分相低有功。 线路保护远跳出口原因分析：① 对侧过电压、失灵或高压电抗器保护动作；② 对侧母差保护动作；③ 线路变压器组接线方式的变压器保护动作；④ 保护误动	风险分析：线路远跳出口造成断路器跳闸，导致线路非计划停运，影响电网安全稳定运行。 预控措施： （1）监控值班员核实断路器跳闸情况，收集事故信息并汇报调度，通知运维人员，做好相关操作的准备。 （2）调度人员应核对电网运行方式及潮流变化情况，下达调度指令并将故障设备隔离。 （3）运维人员到达现场后应详细检查保护范围内的设备，核实断路器跳闸位置及间隔设备是否存在故障，及时收集保护装置故障报告，综合分析初步判断故障原因后，向调度汇报。 （4）若系保护装置误动，根据调度指令退出异常保护装置，并联系专业班组现场处理

续表

信息名称	告警分级	缺陷分类	信息原因	风险分析及预控措施
××线路保护 A 相跳闸出口	事故	危急	线路开关 A 相跳闸出口。 原因分析：① 输电线路 A 相存在故障；② 保护范围内一次设备 A 相存在故障；③ 因二次回路错误、平行双回线互感等因素引起的保护误动	风险分析：线路保护出口造成断路器跳闸，导致线路非计划停运，影响电网安全稳定运行。 预控措施： （1）监控值班员核实断路器跳闸情况，查看是否出现"××线路保护 B 相跳闸出口"或"××线路保护 C 相跳闸出口"等伴随信号，确认故障相别，收集事故信息并汇报调度，通知运维人员，做好相关操作的准备。 （2）调度人员应核对电网运行方式及潮流变化情况，下达调度指令，并将故障设备隔离。 （3）运维人员到达现场后应详细检查保护范围内的设备，核实断路器跳闸位置及间隔设备是否存在故障，及时收集保护装置故障报告，结合录波器和其他保护动作启动情况，综合分析初步判断故障原因后，向调度汇报。 （4）检查站内备自投装置动作情况，及时调整备自投运行方式。 （5）若系保护装置误动，根据调度指令退出异常保护装置，并联系专业班组现场处理
××线路保护 B 相跳闸出口	事故	危急	同"××线路保护 A 相跳闸出口"	同"××线路保护 A 相跳闸出口"
××线路保护 C 相跳闸出口	事故	危急	同"××线路保护 A 相跳闸出口"	同"××线路保护 A 相跳闸出口"

信息名称	告警分级	缺陷分类	信息原因	风险分析及预控措施
××线路保护重合闸出口	事故	严重	线路发生故障跳闸后，断路器自动重合。 原因分析：① 线路故障后断路器跳闸；② 断路器偷跳；③ 保护装置误发重合闸信号	风险分析：线路断路器故障跳闸后可通过线路保护装置的自动重合闸"功能模块"进行重合，若因二次回路故障（如回路未接通），虽然自动重合闸模块出口触点动作，而断路器未重合，扩大了事故停电范围，影响电网安全稳定运行。 预控措施： （1）监控值班员核实断路器跳闸情况，收集事故信息并汇报调度，通知运维人员，做好相关操作的准备。 （2）调度人员应核对电网运行方式，了解故障原因，并将故障设备隔离，尽快恢复非故障设备送电。 （3）运维人员到现场后应立即检查保护范围内一、二次设备，核对断路器的实际位置，确认重合闸方式。 （4）综合各部位检查结果和继电保护装置动作信息，分析确认故障设备，将事故原因汇报调度。 （5）若断路器重合后再次跳闸，需快速隔离故障设备。 （6）不能自行处理时申请专业班组到站检查处置
××线路保护装置故障	异常	危急	线路保护装置自检、巡检发生严重错误，装置闭锁所有保护功能。 原因分析：① 保护装置内存出错、定值区出错等硬件本身故障；② 装置失电或闭锁	风险分析：线路保护装置处于不可用状态，导致故障不能及时被切除，造成主设备损坏，由上一级保护越级动作，扩大事故范围，影响电网安全稳定运行。 预控措施： （1）监控值班员应立即汇报调度人员，通知运维单位，加强运行监控，及时掌握设备运行情况。 （2）调度人员应做好事故预想，合理安排站内设备运行方式，下达调度指令。 （3）运维人员应仔细检查线路保护装置各信号指示灯，记录液晶面板显示内容，并结合其他装置进行综合判断。 （4）根据检查结果汇报调度，停运相应的保护装置或一次设备

续表

信息名称	告警分级	缺陷分类	信息原因	风险分析及预控措施
××线路保护装置异常	异常	危急	线路保护装置自检、巡检发生异常，不闭锁保护，但部分保护功能会受到影响。 原因分析：① TA 断线；② TV 断线；③ 内部通信出错；④ CPU 检测到电流、电压采样异常；⑤ 装置长期启动；⑥ 保护装置插件或部分功能异常；⑦ 通信异常	风险分析：线路保护装置异常会影响线路保护动作的灵敏性和选择性，造成保护误动、拒动或越级动作，扩大事故范围，影响电网安全稳定运行。 预控措施： （1）监控值班员应立即汇报调度人员，通知运维单位，加强运行监控，及时掌握设备运行情况。 （2）调度人员应做好事故预想，根据现场检查结果确定是否拟定下达调度指令。 （3）运维人员应仔细检查线路保护装置各信号指示灯，记录液晶面板显示内容，并结合其他装置进行综合判断。 （4）根据检查结果汇报调度，必要时停运相应保护功能或一次设备。 （5）不能自行处理时申请专业班组到站检查处置
××线路保护过负荷告警	异常	严重	线路保护采样电流高于过负荷告警定值。 原因分析：① 线路过载运行过负荷；② 电网发生故障，潮流转移导致事故过负荷	风险分析：线路负荷过大，将引起线路跳闸。 预控措施： （1）监控值班员核实线路负荷告警值，初步判断后汇报调度，通知运维单位，做好相关记录，加强线路负荷监视。 （2）了解线路过负荷原因，根据现场处置情况或调度令制定相应的监控措施，及时掌握设备运行情况。 （3）调度核对电网运行方式，做好事故预想及转移负荷准备。 （4）运维人员要加强运行监控，超过规定值时及时向调度汇报，必要时申请降低负荷或转移负荷

信息名称	告警分级	缺陷分类	信息原因	风险分析及预控措施
××线路保护重合闸闭锁	异常	危急	线路保护重合闸被闭锁，功能不可用。 原因分析：① 断路器机构低压气闭锁重合闸开入；② 断路器永跳、遥跳、遥合闭锁重合闸；③ 断路器手合、手跳闭锁重合闸；④ 另一套保护的闭锁重合闸开入	风险分析：线路发生单相或相间故障，断路器均三跳不重合，降低了供电安全性，增加了停电损失。 预控措施： （1）监控值班员应收集相关伴随信号，初步判断后汇报调度，通知运维人员现场处理。 （2）运维人员到现场后应立即检查保护范围内一、二次设备，核对重合闸方式，检查断路器压力。 （3）综合各部位检查结果和继电保护装置报文信息，分析确认重合闸闭锁原因，并汇报调度。 （4）不能自行处理时申请专业班组到站检查处置
××线路保护TA断线	异常	危急	线路保护装置检测到某一侧 TA 二次回路开路或采样值异常等原因超过 TA 断线定值。 原因分析：① 线路保护装置采样插件损坏；② TA 二次接线松动；③ TA 损坏	风险分析：线路保护 TA 断线影响部分保护功能，会造成差动元件、距离元件、过流元件不可用，影响保护的灵敏性和选择性，造成保护误动、拒动或越级动作，扩大事故范围，影响电网安全稳定运行。 预控措施： （1）监控值班员应立即汇报调度人员，通知运维单位，加强运行监控，及时掌握设备运行情况。 （2）调度人员应做好事故预想，根据现场检查结果确定是否拟定下达调度指令。 （3）运维人员应仔细检查装置面板采样，确定 TA 采样异常相别，现场检查端子箱、保护装置电流接线端子连片紧固情况，设备区 TA 有无异常声响。 （4）运维人员根据检查结果汇报调度，必要时停运相应保护功能或一次设备。 （5）不能自行处理时申请专业班组到站检查处置

续表

信息名称	告警分级	缺陷分类	信息原因	风险分析及预控措施
××线路保护TV断线	异常	危急	线路保护装置检测到某一侧电压消失或三相不平衡。 原因分析：① 线路保护装置采样插件损坏；② TV 二次接线松动；③ TV 二次空气开关跳开；④ TV 一次异常	风险分析：线路保护 TV 断线影响部分保护功能，会造成距离元件、方向元件退出、重合闸放电，扩大事故范围，影响电网安全稳定运行。 预控措施： （1）监控值班员应立即汇报调度人员，通知运维单位，加强运行监控，及时掌握设备运行情况。 （2）调度人员应做好事故预想，根据现场检查结果确定是否拟定下达调度指令。 （3）运维人员应仔细检查装置面板采样，确定 TV 采样异常相别，现场检查各级 TV 电压空气开关运行状态，核实端子排及连片的紧固情况。 （4）运维人员根据检查结果汇报调度，必要时停运相应保护功能或一次设备。 （5）不能自行处理时申请专业班组到站检查处置
××线路保护长期有差流	异常	危急	线路无故障，但保护装置检测有差动电流。 原因分析：① 线路保护装置采样插件损坏；② TV 二次接线松动；③ TV 二次空气开关跳开；④ TV 一次异常	风险分析：线路保护长期有差流会闭锁主保护差动元件，影响保护的速动性，扩大事故范围，影响电网安全稳定运行。 预控措施： （1）监控值班员应立即汇报调度人员，通知运维单位，加强运行监控，及时掌握设备运行情况。 （2）调度人员应做好事故预想，根据现场检查结果确定是否拟定下达调度指令。 （3）运维人员应仔细检查装置面板采样，确定 TA 采样异常相别，现场检查端子箱、保护装置电流接线端子连片紧固情况，设备区 TA 有无异常声响。 （4）运维人员根据检查结果汇报调度，必要时停运相应保护功能或一次设备。 （5）不能自行处理时申请专业班组到站检查处置

信息名称	告警分级	缺陷分类	信息原因	风险分析及预控措施
××线路保护两侧差动投退不一致	异常	危急	线路保护两侧差动压板投入不一致。 原因分析：① 现场运维人员误操作；② 差动压板开入异常	风险分析：线路保护两侧差动投退一直会闭锁主保护差动元件，影响保护的速动性，扩大事故范围，影响电网安全稳定运行。 预控措施： （1）监控值班员应立即汇报调度人员，通知运维单位，加强运行监控，及时掌握设备运行情况。 （2）运维人员应仔细检查装置面板开入，现场装置背板、端子排及压板处接线是否松动。 （3）运维人员根据检查结果汇报调度，必要时停运相应保护功能或一次设备。 （4）不能自行处理时申请专业班组到站检查处置
××线路保护A通道异常	异常	危急	线路保护通道中断，两侧保护无法交换信息。 原因分析：① 保护装置内部元件故障；② 尾纤连接松动或损坏、法兰头损坏；③ 光电转换装置故障；④ 通信设备故障或光纤通道问题	风险分析：线路保护通道异常后，差动保护或纵联距离（方向）保护无法动作，影响保护的速动性，扩大事故范围，影响电网安全稳定运行。 预控措施： （1）监控值班员应立即汇报调度人员，通知运维单位，加强运行监控，及时掌握设备运行情况。 （2）调度人员应做好事故预想，根据现场检查结果确定是否拟定下达调度指令。 （3）运维人员应现场检查保护装置运行情况，检查光电转换装置运行情况，如果通道故障短时复归，应做好记录加强监视。 （4）如果无法复归或短时间内频繁出现，应申请专业班组到站检查处置，并根据调度指令退出相关保护
××线路保护B通道异常	异常	危急	同"××线路保护A通道异常"	同"××线路保护A通道异常"

续表

信息名称	告警分级	缺陷分类	信息原因	风险分析及预控措施
××线路保护收发信机装置故障	异常	危急	收发信机是构成线路纵联保护载波通道的重要设备，用于与对侧收发信机进行信息交换。 收发信机故障原因分析：① 收发信机内部元器件故障；② 收发信机失电	风险分析：线路保护收发信机装置故障后，高频纵联距离（方向）保护无法动作，影响保护的速动性，扩大事故范围，影响电网安全稳定运行。 预控措施： （1）监控值班员应立即汇报调度人员，通知运维单位，加强运行监控，及时掌握设备运行情况。 （2）调度人员应做好事故预想，根据现场检查结果确定是否拟定下达调度指令。 （3）运维人员应现场检查收发信机装置运行情况，检查各插件运行情况及电源空气开关状态。 （4）如果无法复归或短时间内频繁出现，应申请专业班组到站检查处置，并根据调度指令退出相关保护
××线路保护收发信机装置异常	异常	危急	收发信机异常告警。 原因分析：① 功率放大元件输出功率过低；② 收信裕度告警；③ 通道试验收不到对侧信号	风险分析：线路保护收发信机装置异常后，影响纵联保护信息交换可靠性，高频保护可能误动或拒动，扩大事故范围，影响电网安全稳定运行。 预控措施： （1）监控值班员应立即汇报调度人员，通知运维单位，加强运行监控，及时掌握设备运行情况。 （2）调度人员应做好事故预想，根据现场检查结果确定是否拟定下达调度指令。 （3）运维人员应现场检查收发信机装置运行情况，检查各插件运行情况及高频加工设备。 （4）如果无法复归或短时间内频繁出现，应申请专业班组到站检查处置，并根据调度指令退出相关保护

信息名称	告警分级	缺陷分类	信息原因	风险分析及预控措施
××线路保护收发信机通道异常	异常	危急	高频保护通道通信 3dB 告警或裕度告警。 原因分析：① 收发信机故障；② 结合滤波器、耦合电容器、阻波器、高频电缆等设备故障；③ 误合结合滤波器接地隔离开关；④ 天气或湿度变化	风险分析：线路保护收发信机通道异常后，影响纵联保护信息交换可靠性，高频保护可能误动或拒动，扩大事故范围，影响电网安全稳定运行。 预控措施： （1）监控值班员应立即汇报调度人员，通知运维单位，加强运行监控，及时掌握设备运行情况。 （2）调度人员应做好事故预想，根据现场检查结果确定是否拟定下达调度指令。 （3）运维人员应现场检查收发信机运行情况，通过通道检查能否交换信息。 （4）若无法进行通道交换，则通知专业人员处理
××线路保护电压切换装置继电器同时动作	异常	危急	双母线系统上所连接的电气元件，为了保证其一次系统和二次系统在电压上保持对应，要求保护及自动装置的二次电压回路随同主接线一次运行方式改变同步进行切换。 二次电压切换回路采用隔离开关辅助触点启动电压切换中间继电器，利用继电器主触点实现两条母线电压回路的自动切换。 为防止两组母线电压在二次侧异常并列，当两条母线的电压切换继电器同时动作时，应发出告警信号。 原因分析：① 双母线倒闸操作中，Ⅰ、Ⅱ段母线隔离开关均在合位；② 隔离开关辅助触点及回路故障；③ 电压切换继电器触点粘连；④ 双线圈继电器未返回	风险分析：电压切换装置继电器同时动作，导致两组电压非正常并列，若一次电压存在压差，在切换回路中将形成很大环流，导致电压二次空气开关跳闸，严重时甚至烧坏切换装置。 预控措施： （1）监控值班员应立即汇报调度人员，通知运维单位，加强运行监控，及时掌握设备运行情况。 （2）运维人员应现场检查电压切换装置面板信号灯，检查各装置插件运行情况。 （3）若该信号无法复归或短时间内频繁出现，应申请专业班组到站检查处置，并根据调度指令退出相关保护

续表

信息名称	告警分级	缺陷分类	信息原因	风险分析及预控措施
××线路保护电压切换装置故障	异常	危急	线路保护电压切换装置故障。 原因分析：① 电压切换装置内部元器件故障；② 装置失电	风险分析：电压切换装置故障，导致两组电压无法正确切换，造成保护 TV 失压，会造成距离元件、方向元件退出、重合闸放电，扩大事故范围，影响电网安全稳定运行。 预控措施： （1）监控值班员应立即汇报调度人员，通知运维单位，加强运行监控，及时掌握设备运行情况。 （2）运维人员应现场检查电压切换装置面板信号灯，检查各装置插件运行情况。 （3）若该信号无法复归或短时间内频繁出现，应申请专业班组到站检查处置，并根据调度指令退出相关保护
××线路保护电压切换装置异常	异常	危急	线路保护电压切换装置异常	风险分析：电压切换装置异常，导致两组电压无法正确切换，造成保护 TV 失压，会造成距离元件、方向元件退出、重合闸放电，扩大事故范围，影响电网安全稳定运行。 预控措施： （1）监控值班员应立即汇报调度人员，通知运维单位，加强运行监控，及时掌握设备运行情况。 （2）运维人员应现场检查电压切换装置面板信号灯，检查各装置插件运行情况。 （3）若该信号无法复归或短时间内频繁出现，应申请专业班组到站检查处置，并根据调度指令退出相关保护

续表

信息名称	告警分级	缺陷分类	信息原因	风险分析及预控措施
××线路保护装置通信中断	异常	严重	线路保护装置与站控层网络通信中断。 原因分析：① 线路保护内部通信参数设置错误；② 线路保护通信插件故障；③ 通信连接松动；④ 通信协议转换器故障；⑤ 站控层交换机故障	风险分析：线路保护与站控层网络通信中断后，相应保护告警及动作信息无法上传监控后台及调控中心，使得线路保护失去监视，影响事故处理进度。 预控措施： （1）监控值班员应通知运维人员现场检查线路保护装置及通信回路运行情况，并加强监视。 （2）运维人员应通知专业班组检查保护装置及其与站控层交换机的连接情况
××线路保护SV总告警	异常	危急	智能变电站线路保护采用SV报文传递母线电压、间隔电流以及采样延时等重要信息，一旦监测到SV报文链路中断或采样数据异常，保护装置便会触发SV总告警信号。 原因分析：① 合并单元采集模块、电源模块、CPU等内部元件损坏；② 合并单元电源失电；③ 合并单元发光模块异常；④ 合并单元采样数据异常；⑤ 保护装置至合并单元链路中断	风险分析：线路保护SV总告警影响保护装置采样，造成电流、电压计算数据不正确、不同步，影响过流元件的正确性，导致线路保护功能闭锁，导致故障不能及时被切除，造成主设备损坏，由上一级保护越级动作，扩大事故范围，影响电网安全稳定运行。 预控措施： （1）发出"××线路保护SV总告警"信号后，监控值班员应查看是否出现"××线路保护SV采样数据异常"或"××线路保护SV采样链路中断"等伴随信号，做出初步判断，汇报调度，并通知运维单位现场处置。 （2）调度人员应做好事故预想，根据现场检查结果确定是否拟定下达调度指令。 （3）运维人员应现场检查保护装置及合并单元信号灯是否正常，检修压板投退是否正确，光纤插口是否松动、连接光口是否损坏。 （4）运维人员检查结果汇报调度，必要时停运相应保护功能或一次设备。 （5）不能自行处理时申请专业班组到站检查处置，检查保护装置及合并单元配置文件是否正确、光纤衰耗是否异常等，及时更换备用纤或光口

信息名称	告警分级	缺陷分类	信息原因	风险分析及预控措施
××线路保护SV采样数据异常	异常	危急	智能变电站线路保护装置模拟量采样数据自检校验出错。 原因分析：① 保护装置及合并单元双通道采样不一致；② 采样数据时序异常导致采样失步、丢失；③ 保护装置与合并单元检修压板投入不一致，导致采样品质位异常；④ 采样数据出错，品质位无效	风险分析：线路保护SV采样数据异常会闭锁保护功能，导致故障不能及时被切除，造成主设备损坏，由上一级保护越级动作，扩大事故范围，影响电网安全稳定运行。 预控措施： （1）发出"××线路保护SV采样数据异常"信号后，监控值班员应立即汇报调度人员，通知运维单位，加强运行监控，及时掌握设备运行情况。 （2）调度人员应做好事故预想，根据现场检查结果确定是否拟定下达调度指令。 （3）运维人员应现场检查保护装置及合并单元信号灯是否正常，检修压板投退是否正确。运维人员根据检查结果汇报调度，必要时停运相应保护功能或一次设备。 （4）不能自行处理时申请专业班组到站检查处置
××线路保护SV采样链路中断	异常	危急	智能变电站线路保护装置收不到预期的SV数据报文。 原因分析：① 保护装置或合并单元配置文件有误；② 保护装置接收光口损坏；③ SV光纤回路衰耗大或光纤折断；④ 合并单元发送光口损坏	风险分析：线路保护SV采样链路中断会闭锁保护功能，导致故障不能及时被切除，造成主设备损坏，由上一级保护越级动作，扩大事故范围，影响电网安全稳定运行。 预控措施： （1）发出"××线路保护SV采样链路中断"信号后，监控值班员应立即汇报调度人员，通知运维单位，加强运行监控，及时掌握设备运行情况。 （2）调度人员应做好事故预想，根据现场检查结果确定是否拟定下达调度指令。 （3）运维人员现场检查保护装置及合并单元信号灯是否正常，光口是否正常。 （4）运维人员检查结果汇报调度，必要时停运相应保护功能或一次设备。 （5）不能自行处理时申请专业班组到站检查处置

信息名称	告警分级	缺陷分类	信息原因	风险分析及预控措施
××线路保护GOOSE总告警	异常	危急	智能变电站线路保护采用GOOSE报文传递开关位置开入、联闭锁信号（如闭锁重合闸开入等）、远方跳闸等重要信息，一旦监测到GOOSE报文链路中断或采样数据异常，保护装置便会触发GOOSE总告警信号。 原因分析：① 智能终端或其他保护异常或闭锁；② 智能终端或其他保护电源失电；③ 智能终端或其他保护发光模块异常；④ 智能终端或其他保护发送数据异常；⑤ 线路保护装置至智能终端或过程层交换机光纤折断	风险分析：线路保护接收不到开关位置等信号，影响保护及重合闸功能；线路保护接收母差保护GOOSE告警，母线故障时，造成相应开关未能跳闸，可能扩大事故范围影响电网安全稳定运行。 预控措施： （1）发出"××线路保护GOOSE总告警"信号后，监控值班员应查看是否出现"××线路保护GOOSE采样数据异常"或"××线路保护GOOSE采样链路中断"等伴随信号，做出初步判断，汇报调度，并通知运维单位现场处置。 （2）调度人员应做好事故预想，根据现场检查结果确定是否拟定下达调度指令。 （3）运维人员应现场检查线路保护和有关联的智能终端或其他保护装置信号灯是否正常，检修压板投退是否正确，光纤插口是否松动、连接光口是否损坏。 （4）运维人员根据检查结果汇报调度，必要时停运相应保护功能或一次设备。 （5）不能自行处理时申请专业班组到站检查处置，检查线路保护和有关联的智能终端或其他保护装置配置文件是否正确、光纤衰耗是否异常等，及时更换备用纤或光口

信息名称	告警分级	缺陷分类	信息原因	风险分析及预控措施
××线路保护GOOSE数据异常	异常	危急	智能变电站线路保护装置接收母线保护GOOSE报文，正常时每5s发送一帧，有变位时按2、2、4、8ms时间间隔发送。当线路保护订阅数据自检校验出错时，会触发GOOSE数据异常告警。 原因分析：① 线路保护接收GOOSE报文丢帧、重复、序号逆转；② 线路保护与智能终端或其他保护间配置有差异，GOOSE报文内容不匹配	风险分析：线路保护GOOSE采样数据异常会影响保护及重合闸功能，扩大事故范围，影响电网安全稳定运行。 预控措施： （1）发出"××线路保护GOOSE数据异常"信号后，监控值班员应立即汇报调度人员，通知运维单位，加强运行监控，及时掌握设备运行情况。 （2）调度人员应做好事故预想，根据现场检查结果确定是否拟定下达调度指令。 （3）运维人员应现场检查线路保护和有关联的智能终端或其他保护信号灯是否正常，检修压板投退是否正确。 （4）运维人员根据检查结果汇报调度，必要时停运相应保护功能或一次设备。 （5）不能自行处理时申请专业班组到站检查处置，检查线路保护和有关联的智能终端或其他保护装置配置文件是否正确、光纤衰耗是否异常等，及时更换备用纤或光口
××线路保护GOOSE链路中断	异常	危急	智能变电站线路保护装置在2倍保护生存时间（20s）内未收到下一帧报文，接收方即发出GOOSE链路中断。 原因分析：① 线路保护或有关联的智能终端或其他保护配置文件有误；② 保护装置接收光口损坏；③ GOOSE光纤回路衰耗大或光纤折断；④ 智能终端或其他保护发送光口损坏	风险分析：线路保护GOOSE链路中断会影响保护及重合闸功能，扩大事故范围，影响电网安全稳定运行。 预控措施： （1）发出"××线路保护GOOSE链路中断"信号后，监控值班员应立即汇报调度人员，通知运维单位，加强运行监控，及时掌握设备运行情况。 （2）调度人员应做好事故预想，根据现场检查结果确定是否拟定下达调度指令。 （3）运维人员应现场检查线路保护和有关联的智能终端或其他保护信号灯是否正常，检修压板投退是否正确。 （4）运维人员根据检查结果汇报调度，必要时停运相应保护功能或一次设备。 （5）不能自行处理时申请专业班组到站检查处置

信息名称	告警分级	缺陷分类	信息原因	风险分析及预控措施
××线路保护对时异常	异常	严重	线路保护不能准确地实现时钟同步功能。 原因分析：① GPS 天线异常；② GPS 时钟同步装置异常；③ GPS 时钟扩展装置异常；④ GPS 与线路保护之间链路异常；⑤ 线路保护对时模块、守时模块异常	风险分析：保护装置处理数据采用插值同步算法，不依赖于外部对时信号，对保护功能不会造成影响。由于装置时钟不同步，导致保护报文时标错误，不利于故障时序分析及回溯。 预控措施： （1）监控值班员发现异常信号，应通知运维人员现场检查。当站内出现多个装置同时发对时异常信号时，则可判断为对时装置出现异常。 （2）运维人员现场检查线路保护及时间同步装置运行情况，核查设备与后台的时间是否一致。 （3）若同步对时装置正常，更换同步对时输出端口，若告警消失，则判断同步对时装置的输出口损坏，更换输出模板或端口。 （4）若采用光 B 码对时，则利用备用光纤、尾纤替换现用光纤尾纤，若告警消失，则判断由于对时光纤损坏或由于光纤衰耗过大影响同步信号传输，更换光纤或纤芯。 （5）若采用电 B 码对时，则检查装置插件是否插件，端子排连接是否紧固。 （6）不能自行处理时申请专业班组到站检查处置，利用仪器在接受端测量对时信号

信息名称	告警分级	缺陷分类	信息原因	风险分析及预控措施
××线路保护检修不一致	异常	危急	保护装置对合并单元、智能终端等设备上送报文的检修标志进行实时检测，并与装置自身的检修状态进行比较。如二者一致，将接收的数据应用于保护逻辑，保护正确动作；当二者不一致时，根据不同报文，选择性地闭锁相关元件。 原因分析：① 现场运维人员误操作；② 检修压板开入异常	风险分析：因检修状态不一致，相应采样、开入信号不能加入保护启动及动作程序，导致保护被误闭锁，不能及时隔离故障点，造成主设备损坏，由上一级保护越级动作，扩大事故范围，影响电网安全稳定运行。 预控措施： （1）监控值班员收到信号后应汇报调度，并通知运维人员，加强运行监控。 （2）运维人员应现场检查装置 GOOSE 检修信号灯是否正常，是否能够正常复归，若不能复归，逐级检查检修压板是否一致。 （3）不能自行处理时申请专业班组到站检查处置，检查装置 GOOSE 接收控制模块是否出错，必要时申请停用该套装置更换相关硬件。 （4）更换硬件后应进行相应的装置试验，保证更换前后保护功能的正确性
××线路保护检修压板投入	异常	危急	同"××线路保护检修不一致"	同"××线路保护检修不一致"

6.4 母线保护监控信息

信息名称	告警分级	缺陷分类	信息原因	风险分析及预控措施
××母线保护出口	事故	危急	母线差动保护或失灵保护动作，为母线保护动作合成总信号。 原因分析：① 母线差动保护范围内的一次设备故障；② 保护误动	风险分析：母线保护出口跳开故障母线上所有断路器，严重时甚至造成全站失压，严重影响电网安全稳定运行。 预控措施： （1）监控值班员核实断路器跳闸情况，查看是否出现"××母线保护差动出口""××母线保护失灵出口"等伴随信号，做出初步判断并汇报调度，通知运维人员，做好相关操作的准备。 （2）调度人员应核对电网运行方式及潮流变化情况，进行事故处理，下达调度指令将故障设备隔离。 （3）运维人员应立即检查母线差动保护范围内的一次设备（母线、支柱绝缘子、母线设备等）有无异常，检查相关二次设备有无异常，并将连接在故障母线上的所有断路器断开。 （4）若故障点在母线侧隔离开关外侧，可将该回路两侧隔离开关拉开，以隔离故障点，并按调度命令恢复母线运行。 （5）若故障点不能立即隔离或排除，对于双母线接线，按调控人员指令对无故障元件倒至运行母线运行。 （6）若不能迅速找到故障点，对母线外观检查无异常的，可根据调度指令用保护配置完备的外部电源线路试送一次
××母线保护差动出口	事故	危急	当母线保护感受到母线电压开放（非3/2接线），各连接单元电流矢量和不平衡且满足特性曲线时，保护动作出口跳开故障母线全部断路器。	风险分析：母线保护差动出口跳开故障母线上所有断路器，严重时甚至造成全站失压，严重影响电网安全稳定运行。 预控措施： （1）监控值班员核实断路器跳闸情况，做出初步判断并汇报调度，通知运维人员，做好相关操作的准备。

信息名称	告警分级	缺陷分类	信息原因	风险分析及预控措施
××母线保护差动出口	事故	危急	原因分析：① 母线及支柱绝缘子存在故障；② 母差保护范围内的其他一次设备故障；③ TA 饱和或二次开路、短路；④ 因二次回路错误、装置采样插件有缺陷等因素引起的保护误动	（2）调度人员应核对电网运行方式及潮流变化情况，进行事故处理，下达调度指令将故障设备隔离。 （3）运维人员应立即检查母线差动保护范围内的一次设备（母线、支柱绝缘子、母线设备等）有无异常，检查相关二次设备有无异常，并将连接在故障母线上的所有断路器断开。 （4）若故障点在母线侧隔离开关外侧，可将该回路两侧隔离开关拉开，以隔离故障点，并按调度命令恢复母线运行。 （5）若故障点不能立即隔离或排除，对于双母线接线，按调控人员指令对无故障元件倒至运行母线运行。 （6）若不能迅速找到故障点，对母线外观检查无异常的，可根据调度指令用保护配置完备的外部电源线路试送一次
××母线保护失灵出口	事故	危急	当母线保护接收到各间隔保护（如线路、主变压器、母联等）启动失灵信号，且母线电压、失灵电流判据满足时，母线失灵保护出口，跳开母线上所有断路器。 原因分析：① 间隔单元（线路或主变压器）发生故障，相应断路器拒动；② 母联充电过程中发生故障，相应断路器拒动；③ 保护误动	风险分析：母线保护差动出口跳开故障母线上所有断路器，严重时甚至造成全站失压，严重影响电网安全稳定运行。 预控措施： （1）监控值班员核实断路器跳闸情况，做出初步判断并汇报调度，通知运维人员，做好相关操作的准备。 （2）调度人员应核对电网运行方式及潮流变化情况，进行事故处理，下达调度指令将故障设备隔离。 （3）运维人员应立即检查母线保护、线路、主变压器、母联保护装置动作信息及运行情况，检查故障录波器动作情况，及时汇报调度。 （4）检查失灵断路器位置状态及失灵间隔一、二次设备有无异常，隔离拒动断路器和故障点后，根据调度令恢复正常设备运行。 （5）如经检查确认母差失灵保护误动，应根据调度令将误动保护装置退出运行

信息名称	告警分级	缺陷分类	信息原因	风险分析及预控措施
××母线保护装置故障	异常	危急	母线保护装置自检、巡检发生严重错误，装置闭锁所有保护功能。 原因分析：① 保护装置内存出错、定值区出错等硬件本身故障；② 装置失电或闭锁	风险分析：母线保护装置处于不可用状态，导致故障不能及时被切除，造成主设备损坏，由上一级保护越级动作，扩大事故范围，影响电网安全稳定运行。 预控措施： （1）监控值班员应立即汇报调度人员，通知运维单位，加强运行监控，及时掌握设备运行情况。 （2）调度人员应做好事故预想，合理安排站内设备运行方式，下达调度指令。 （3）运维人员应仔细检查母线保护装置各信号指示灯，记录液晶面板显示内容，并结合其他装置进行综合判断。 （4）根据检查结果汇报调度，停运相应的保护装置或一次设备
××母线保护装置异常	异常	危急	母线保护装置自检、巡检发生异常，不闭锁保护，但部分保护功能会受到影响。 原因分析：① TA 断线；② TV 断线；③ 内部通信出错；④ CPU 检测到电流、电压采样异常；⑤ 装置长期启动；⑥ 保护装置插件或部分功能异常；⑦ 通信异常	风险分析：母线保护装置异常会影响母线保护动作的灵敏性和选择性，造成保护误动、拒动或越级动作，扩大事故范围，影响电网安全稳定运行。 预控措施： （1）监控值班员应立即汇报调度人员，通知运维单位，加强运行监控，及时掌握设备运行情况。 （2）调度人员应做好事故预想，根据现场检查结果确定是否拟定下达调度指令。 （3）运维人员应仔细检查母线保护装置各信号指示灯，记录液晶面板显示内容，并结合其他装置进行综合判断。 （4）根据检查结果汇报调度，必要时停运相应保护功能或一次设备。 （5）不能自行处理时申请专业班组到站检查处置

信息名称	告警分级	缺陷分类	信息原因	风险分析及预控措施
××母线保护TA断线	异常	危急	母线保护装置检测到某一侧TA二次回路开路或采样值异常等原因超过TA断线定值。 原因分析：① 母线保护装置采样插件损坏；② TA二次接线松动；③ TA损坏	风险分析：母线保护TA断线会闭锁断线相大差及所在母线小差，影响保护的灵敏性和选择性，造成保护误动、拒动或越级动作，扩大事故范围，影响电网安全稳定运行。 预控措施： （1）监控值班员应立即汇报调度人员，通知运维单位，加强运行监控，及时掌握设备运行情况。 （2）调度人员应做好事故预想，根据现场检查结果确定是否拟定下达调度指令。 （3）运维人员应仔细检查装置面板采样，确定TA采样异常相别，现场检查端子箱、保护装置电流接线端子连片紧固情况，设备区TA有无异常声响。 （4）运维人员根据检查结果汇报调度，必要时停运相应保护功能或一次设备。 （5）不能自行处理时申请专业班组到站检查处置
××母线保护TV断线	异常	危急	母线保护装置检测到某一侧电压消失或三相不平衡。 原因分析：① 母线保护装置采样插件损坏；② TV二次接线松动；③ TV二次空气开关跳开；④ TV一次异常	风险分析：母线保护TV断线将开放母差电压元件及失灵电压元件，造成保护装置误动作，扩大事故范围，影响电网安全稳定运行。 预控措施： （1）监控值班员应立即汇报调度人员，通知运维单位，加强运行监控，及时掌握设备运行情况。 （2）调度人员应做好事故预想，根据现场检查结果确定是否拟定下达调度指令。 （3）运维人员应仔细检查装置面板采样，确定TV采样异常相别，现场检查各级TV电压空气开关运行状态，核实端子排及连片的紧固情况。 （4）运维人员根据检查结果汇报调度，必要时停运相应保护功能或一次设备。 （5）不能自行处理时申请专业班组到站检查处置

信息名称	告警分级	缺陷分类	信息原因	风险分析及预控措施
××母线保护装置通信中断	异常	严重	母线保护装置与站控层网络通信中断。 原因分析：① 母线保护内部通信参数设置错误；② 母线保护通信插件故障；③ 通信连接松动；④ 通信协议转换器故障；⑤ 站控层交换机故障	风险分析：母线保护与站控层网络通信中断后，相应保护告警及动作信息无法上传监控后台及调控中心，使得母线保护失去监视，影响事故处理进度。 预控措施： （1）监控值班员应通知运维人员现场检查母线保护装置及通信回路运行情况，并加强监视。 （2）运维人员应通知专业班组检查保护装置及其与站控层交换机的连接情况
××母线保护开关隔离开关位置异常	异常	危急	双母线接线的母线保护，通过隔离开关辅助触点自动识别母线运行方式。保护装置在正常运行时，会对隔离开关辅助触点进行自检，当检测到大差电流为零，两小差电流不为零，发"隔离开关位置异常"告警。 倒闸操作双跨母线时发此信号，应视为正常信号，若倒闸操作后或运行过程中出现该信号，应视为异常信号。 原因分析：① 隔离开关辅助节点未正确转换；② 二次接线松动；③ GOOSE断链（智能变电站）	风险分析：母线保护检测隔离开关位置异常，会影响装置差流计算，可能造成保护装置误动作，扩大事故范围，影响电网安全稳定运行。 预控措施： （1）监控值班员应核实站内一次设备运行状态，综合研判后汇报调度，通知运维单位，加强运行监控，做好相关操作准备； （2）调度做好事故预想，根据现场检查结果确定是否拟定调度指令； （3）运维人员应现场观察装置面板信号或现场监控后台信息，确定异常信息间隔，常规变电站应通过保护模拟盘校正隔离开关位置，智能变电站通过"隔离开关强制软压板"校正隔离开关位置。 （4）现场检查相关隔离开关位置触点或二次回路是否正常，必要时通知专业班组现场处置。 （5）对于智能变电站，若母线保护报至该间隔智能终端GOOSE直连链路中断，还应由专业班组检查光纤物理链路或智能终端运行状态，确定原因后处理

信息名称	告警分级	缺陷分类	信息原因	风险分析及预控措施
××母线保护SV总告警	异常	危急	智能变电站母线保护采用 SV 报文传递母线电压、间隔电流以及采样延时等重要信息，一旦监测到 SV 报文链路中断或采样数据异常，保护装置便会触发 SV 总告警信号。 原因分析：① 合并单元采集模块、电源模块、CPU 等内部元件损坏；② 合并单元电源失电；③ 合并单元发光模块异常；④ 合并单元采样数据异常；⑤ 保护装置至合并单元链路中断	风险分析：母线保护 SV 总告警影响保护装置采样，造成电流、电压计算数据不正确、不同步，影响过流元件的正确性，导致母线保护功能闭锁，导致故障不能及时被切除，造成主设备损坏，由上一级保护越级动作，扩大事故范围，影响电网安全稳定运行。 预控措施： （1）发出"××母线保护 SV 总告警"信号后，监控值班员应查看是否出现"××母线保护 SV 采样数据异常"或"××母线保护 SV 采样链路中断"等伴随信号，做出初步判断，汇报调度，并通知运维单位现场处置。 （2）调度人员应做好事故预想，根据现场检查结果确定是否拟定下达调度指令。 （3）运维人员应现场检查保护装置及合并单元信号灯是否正常，检修压板投退是否正确，光纤插口是否松动、连接光口是否损坏。 （4）运维人员根据检查结果汇报调度，必要时停运相应保护功能或一次设备。 （5）不能自行处理时申请专业班组到站检查处置，检查保护装置及合并单元配置文件是否正确、光纤衰耗是否异常等，及时更换备用纤或光口
××母线保护SV采样数据异常	异常	危急	智能变电站母线保护装置模拟量采样数据自检校验出错。 原因分析：① 保护装置及合并单元双通道采样不一致；② 采样数据时序异常导致采样失步、丢失；③ 保护装置与合并单元检修压板投入不一致，导致采样品质位异常；④ 采样数据出错，品质位无效	风险分析：母线保护 SV 采样数据异常会闭锁保护功能，导致故障不能及时被切除，造成主设备损坏，由上一级保护越级动作，扩大事故范围，影响电网安全稳定运行。 预控措施： （1）发出"××母线保护 SV 采样数据异常"信号后，监控值班员应立即汇报调度人员，通知运维单位，加强运行监控，及时掌握设备运行情况。

信息名称	告警分级	缺陷分类	信息原因	风险分析及预控措施
××母线保护SV采样数据异常	异常	危急	智能变电站母线保护装置模拟量采样数据自检校验出错。 原因分析：① 保护装置及合并单元双通道采样不一致；② 采样数据时序异常导致采样失步、丢失；③ 保护装置与合并单元检修压板投入不一致，导致采样品质位异常；④ 采样数据出错，品质位无效	（2）调度人员应做好事故预想，根据现场检查结果确定是否拟定下达调度指令。 （3）运维人员应现场检查保护装置及合并单元信号灯是否正常，检修压板投退是否正确。 （4）运维人员根据检查结果汇报调度，必要时停运相应保护功能或一次设备。 （5）不能自行处理时申请专业班组到站检查处置，检查保护装置及合并单元配置文件是否正确、光纤衰耗是否异常等，及时更换备用纤或光口
××母线保护SV采样链路中断	异常	危急	智能变电站母线保护装置收不到预期的SV数据报文。 原因分析：① 保护装置或合并单元配置文件有误；② 保护装置接收光口损坏；③ SV光纤回路衰耗大或光纤折断；④ 合并单元发送光口损坏	风险分析：母线保护SV采样链路中断会闭锁保护功能，导致故障不能及时被切除，造成主设备损坏，由上一级保护越级动作，扩大事故范围，影响电网安全稳定运行。 预控措施： （1）发出"××母线保护SV采样链路中断"信号后，监控值班员应立即汇报调度人员，通知运维单位，加强运行监控，及时掌握设备运行情况。 （2）调度人员应做好事故预想，根据现场检查结果确定是否拟定下达调度指令。 （3）运维人员应现场检查保护装置及合并单元信号灯是否正常，光纤光口是否正常。 （4）运维人员根据检查结果汇报调度，必要时停运相应保护功能或一次设备。 （5）不能自行处理时申请专业班组到站检查处置，检查保护装置及合并单元配置文件是否正确、光纤衰耗是否异常等，及时更换备用纤或光口

续表

信息名称	告警分级	缺陷分类	信息原因	风险分析及预控措施
××母线保护GOOSE总告警	异常	危急	智能变电站母线保护采用 GOOSE 报文传递隔离开关位置开入、母联 TWJ 位置、联闭锁信号（如启动失灵、解除复压闭锁等）等重要信息，一旦监测到GOOSE 报文链路中断或采样数据异常，保护装置便会触发 GOOSE 总告警信号。 原因分析：① 智能终端或其他保护异常或闭锁；② 智能终端或其他保护电源失电；③ 智能终端或其他保护发光模块异常；④ 智能终端或其他保护发送数据异常；⑤ 母线保护装置至智能终端或过程层交换机光纤折断	风险分析：母线保护接收不到隔离开关、开关位置等信号，影响母线差流计算；母线保护接收其他保护启动失灵 GOOSE 告警，可能导致失灵保护拒动，可能扩大事故范围，影响电网安全稳定运行。 预控措施： （1）发出"××母线保护 GOOSE 总告警"信号后，监控值班员应查看是否出现"××母线保护 GOOSE 采样数据异常"或"××母线保护 GOOSE 采样链路中断"等伴随信号，做出初步判断，汇报调度，并通知运维单位现场处置。 （2）调度人员应做好事故预想，根据现场检查结果确定是否拟定下达调度指令。 （3）运维人员应现场检查母线保护和有关联的智能终端或其他保护装置信号灯是否正常，检修压板投退是否正确，光纤插口是否松动、连接光口是否损坏。 （4）运维人员根据检查结果汇报调度，必要时停运相应保护功能或一次设备。 （5）不能自行处理时申请专业班组到站检查处置，检查母线保护和有关联的智能终端或其他保护装置配置文件是否正确、光纤衰耗是否异常等，及时更换备用纤或光口
××母线保护GOOSE数据异常	异常	危急	智能变电站母线保护装置接收智能终端或其他保护 GOOSE 报文，正常时每5s 发送一帧，有变位时按2、2、4、8ms 时间间隔发送。当母线保护订阅数据自检校验出错时，会触发 GOOSE 数据异常告警。	风险分析：母线保护 GOOSE 采样数据异常会影响保护差流计算及失灵保护功能，可能扩大事故范围，影响电网安全稳定运行。 预控措施： （1）发出"××母线保护 GOOSE 数据异常"信号后，监控值班员应立即汇报调度人员，通知运维单位，加强运行监控，及时掌握设备运行情况。

信息名称	告警分级	缺陷分类	信息原因	风险分析及预控措施
××母线保护GOOSE数据异常	异常	危急	原因分析：① 母线保护接收 GOOSE 报文丢帧、重复、序号逆转；② 母线保护与智能终端或其他保护间配置有差异，GOOSE 报文内容不匹配	（2）调度人员应做好事故预想，根据现场检查结果确定是否拟定下达调度指令。 （3）运维人员应现场检查母线保护和有关联的智能终端或其他保护信号灯是否正常，检修压板投退是否正确。 （4）运维人员根据检查结果汇报调度，必要时停运相应保护功能或一次设备。 （5）不能自行处理时申请专业班组到站检查处置，检查母线保护和有关联的智能终端或其他保护装置配置文件是否正确、光纤衰耗是否异常等，及时更换备用纤或光口
××母线保护GOOSE链路中断	异常	危急	智能变电站母线保护装置在 2 倍保护生存时间（20s）内未收到下一帧报文，接收方即发出 GOOSE 链路中断。 原因分析：① 母线保护或有关联的智能终端或其他保护配置文件有误；② 保护装置接收光口损坏；③ GOOSE 光纤回路衰耗大或光纤折断；④ 智能终端或其他保护发送光口损坏	风险分析：母线保护 GOOSE 链路中断异常会影响保护差流计算及失灵保护功能，可能扩大事故范围，影响电网安全稳定运行。 预控措施： （1）发出"××母线保护 GOOSE 链路中断"信号后，监控值班员应立即汇报调度人员，通知运维单位，加强运行监控，及时掌握设备运行情况。 （2）调度人员应做好事故预想，根据现场检查结果确定是否拟定下达调度指令。 （3）运维人员应现场检查母线保护和有关联的智能终端或其他保护信号灯是否正常，检修压板投退是否正确。 （4）运维人员根据检查结果汇报调度，必要时停运相应保护功能或一次设备。 （5）不能自行处理时申请专业班组到站检查处置，检查母线保护和有关联的智能终端或其他保护装置配置文件是否正确、光纤衰耗是否异常等，及时更换备用纤或光口

续表

信息名称	告警分级	缺陷分类	信息原因	风险分析及预控措施
××母线保护对时异常	异常	严重	母线保护不能准确地实现时钟同步功能。原因分析：① GPS 天线异常；② GPS 时钟同步装置异常；③ GPS 时钟扩展装置异常；④ GPS 与母线保护之间链路异常；⑤ 母线保护对时模块、守时模块异常	风险分析：保护装置处理数据采用插值同步算法，不依赖于外部对时信号，对保护功能不会造成影响。由于装置时钟不同步，导致保护报文时标错误，不利于故障时序分析及回溯。 预控措施： （1）监控值班员发现异常信号，应通知运维人员现场检查。当站内出现多个装置同时发对时异常信号时，则可判断为对时装置出现异常。 （2）运维人员现场检查母线保护及时间同步装置运行情况，核查设备与后台的时间是否一致。 （3）若同步对时装置正常，更换同步对时输出端口，若告警消失，则判断同步对时装置的输出口损坏，更换输出模板或端口。 （4）若采用光 B 码对时，则利用备用光纤、尾纤替换现用光纤尾纤，若告警消失，则判断由于对时光纤损坏或由于光纤衰耗过大影响同步信号传输，更换光纤或纤芯。 （5）若采用电 B 码对时，则检查装置插件是否插件，端子排连接是否紧固。 （6）不能自行处理时申请专业班组到站检查处置，利用仪器在接受端测量对时信号
××母线保护检修不一致	异常	危急	保护装置对合并单元、智能终端等设备上送报文的检修标志进行实时检测，并与装置自身的检修状态进行比较。如二者一致，将接收的数据应用于保护逻辑，保护正确动作；当二者不一致时，根据不同报文，选择性地闭锁相关元件。	风险分析：因检修状态不一致，相应采样、开入信号不能加入保护启动及动作程序，导致保护被误闭锁，不能及时隔离故障点，造成主设备损坏，由上一级保护越级动作，扩大事故范围，影响电网安全稳定运行。 预控措施： （1）监控值班员收到信号后应汇报调度，并通知运维人员，加强运行监控。 （2）运维人员应现场检查装置 GOOSE 检修信号灯是否正常，是否能够正常复归，若不能复归，逐级检查检修压板是否一致。

信息名称	告警分级	缺陷分类	信息原因	风险分析及预控措施
××母线保护检修不一致	异常	危急	原因分析：① 现场运维人员误操作；② 检修压板开入异常	（3）不能自行处理时申请专业班组到站检查处置，检查装置GOOSE接收控制模块是否出错，必要时申请停用该套装置更换相关硬件。 （4）更换硬件后应进行相应的装置试验，保证更换前后保护功能的正确性
××母线保护检修压板投入	异常	危急	同"××母线保护检修不一致"	同"××母线保护检修不一致"
××母线保护母线互联运行	异常	危急	双母线倒闸操作中，当同一支路间隔Ⅰ、Ⅱ段母线隔离开关主触点均闭合时，双母线处于"并母"方式，母线保护随之自动进入互联状态。在互联状态下，Ⅰ、Ⅱ段母线被视为一段母线，母线保护仅有大差功能，两小差功能不起作用。 运维人员在倒闸操作前，应投入母线互联运行压板，在结束倒闸操作恢复双母线运行后，退出母线互联运行压板。 因此，在倒闸操作双跨母线时发此信号，应视为正常信号，若倒闸操作后或运行过程中出现该信号，应视为异常信号。 原因分析：① 隔离开关辅助触点未正确转换；② 二次接线松动；③ GOOSE断链（智能变电站）；④ 现场运维人员误操作	风险分析：母线保护处于互联状态，自动退出小差元件，母线保护动作无选择性，会扩大事故范围，影响电网安全稳定运行。 预控措施： （1）监控值班员应核实站内一次设备运行状态，综合研判后汇报调度，通知运维单位，加强运行监控，做好相关操作准备。 （2）调度做好事故预想，根据现场检查结果确定是否拟定调度指令。 （3）运维人员应现场观察装置面板信号或现场监控后台信息，现场检查相关装置互联压板、隔离开关位置触点或二次回路是否正常，必要时通知专业班组现场处置。 （4）若确定信号由Ⅰ、Ⅱ段母线隔离开关辅助非正常闭合导致的，对于常规变电站应通过保护模拟盘校正隔离开关位置，对于智能变电站应通过"隔离开关强制软压板"校正隔离开关位置。 （5）对于智能变电站，若母线保护报至该间隔智能终端GOOSE直连链路中断，还应由专业班组检查光纤物理链路或智能终端运行状态，确定原因后处理

6.5 母联（分段）保护监控信息

信息名称	告警分级	缺陷分类	信息原因	风险分析及预控措施
××母联（分段）保护出口	事故	危急	母联（分段）保护仅在对线路、母线、主变压器充电时投入，"××母联（分段）保护出口"信号为母联（分段）保护动作合成总信号，包含充电过流保护动作以及充电零序电流保护动作等信号。 原因分析：① 被充电设备存在故障；② 保护误动	风险分析：母联（分段）保护出口造成断路器跳闸，影响电网安全稳定运行。 预控措施： （1）监控值班员核实断路器跳闸情况，收集事故信息并汇报调度，通知运维人员，做好相关操作的准备。 （2）调度人员应核对电网运行方式，了解故障原因，并将故障设备隔离，尽快恢复非故障设备送电。 （3）运维人员到现场后应立即检查保护范围内一次设备，核对断路器的实际位置。 （4）综合各部位检查结果和继电保护装置动作信息，分析确认故障设备，将事故原因汇报调度，快速隔离故障设备。 （5）不能自行处理时申请专业班组到站检查处置
××母联（分段）保护装置故障	异常	危急	母联（分段）保护装置自检、巡检发生严重错误，装置闭锁所有保护功能。 原因分析：① 保护装置内存出错、定值区出错等硬件本身故障；② 装置失电或闭锁	风险分析：母联（分段）保护装置处于不可用状态，导致故障不能及时被切除，造成主设备损坏，由上一级保护越级动作，扩大事故范围，影响电网安全稳定运行。 预控措施： （1）监控值班员应立即汇报调度人员，通知运维单位，加强运行监控，及时掌握设备运行情况。 （2）调度人员应做好事故预想，合理安排站内设备运行方式，下达调度指令。 （3）运维人员应仔细检查母联（分段）保护装置各信号指示灯，记录液晶面板显示内容，并结合其他装置进行综合判断。 （4）根据检查结果汇报调度，停运相应的保护装置

信息名称	告警分级	缺陷分类	信息原因	风险分析及预控措施
××母联（分段）保护装置异常	异常	危急	母联（分段）保护装置自检、巡检发生异常，不闭锁保护，但部分保护功能会受到影响。 原因分析：① TA 断线；② 内部通信出错；③ CPU 检测到电流、电压采样异常；④ 装置长期启动	风险分析：母联（分段）保护装置异常会影响保护动作的灵敏性和选择性，造成保护误动、拒动或越级动作，扩大事故范围，影响电网安全稳定运行。 预控措施： （1）监控值班员应立即汇报调度人员，通知运维单位，加强运行监控，及时掌握设备运行情况。 （2）调度人员应做好事故预想，根据现场检查结果确定是否拟定下达调度指令。 （3）运维人员应仔细检查母联（分段）保护装置各信号指示灯，记录液晶面板显示内容，并结合其他装置进行综合判断。 （4）根据检查结果汇报调度，必要时停运相应保护功能。 （5）不能自行处理时申请专业班组到站检查处置
××母联（分段）保护装置通信中断	异常	严重	母联（分段）保护装置与站控层网络通信中断。 原因分析：① 内部通信参数设置错误；② 通信插件故障；③ 通信连接松动；④ 通信协议转换器故障；⑤ 站控层交换机故障	风险分析：母联（分段）保护与站控层网络通信中断后，相应保护告警及动作信息无法上传监控后台及调控中心，使得母联（分段）保护失去监视，影响事故处理进度。 预控措施： （1）监控值班员应通知运维人员现场检查母联（分段）保护装置及通信回路运行情况，并加强监视。 （2）运维人员应通知专业班组检查保护装置及其与站控层交换机的连接情况
××母联（分段）保护TA断线	异常	危急	母联（分段）保护装置检测到某一侧TA二次回路开路或采样值异常等原因超过TA断线定值。 原因分析：① 保护装置采样插件损坏；② TA二次接线松动；③ TA损坏	风险分析：母联（分段）器保护 TA 断线影响部分保护功能，会造成过流元件不可用，影响保护的灵敏性和选择性，造成保护误动、拒动或越级动作，扩大事故范围，影响电网安全稳定运行。 预控措施： （1）监控值班员应立即汇报调度人员，通知运维单位，加强运行监控，及时掌握设备运行情况。

续表

信息名称	告警分级	缺陷分类	信息原因	风险分析及预控措施
××母联（分段）保护 TA 断线	异常	危急	母联（分段）保护装置检测到某一侧 TA 二次回路开路或采样值异常等原因超过 TA 断线定值。 原因分析：① 保护装置采样插件损坏；② TA 二次接线松动；③ TA 损坏	（2）调度人员应做好事故预想，根据现场检查结果确定是否拟定下达调度指令。 （3）运维人员应仔细检查装置面板采样，确定 TA 采样异常相别，现场检查端子箱、保护装置电流接线端子连片紧固情况，设备区 TA 有无异常声响。 （4）运维人员根据检查结果汇报调度，必要时停运相应保护功能或一次设备。 （5）不能自行处理时申请专业班组到站检查处置
××母联（分段）保护 SV 总告警	异常	危急	智能变电站母联（分段）保护采用 SV 报文传递间隔电流以及采样延时等重要信息，一旦监测到 SV 报文链路中断或采样数据异常，保护装置便会触发 SV 总告警信号。 原因分析：① 合并单元采集模块、电源模块、CPU 等内部元件损坏；② 合并单元电源失电；③ 合并单元发光模块异常；④ 合并单元采样数据异常；⑤ 保护装置至合并单元链路中断	风险分析：母联（分段）保护 SV 总告警影响保护装置采样，造成电流数据不正确，影响过流元件的正确性，导致母联（分段）保护功能闭锁，导致故障不能及时被切除，造成主设备损坏，由上一级保护越级动作，扩大事故范围，影响电网安全稳定运行。 预控措施： （1）发出"××母联（分段）保护 SV 总告警"信号后，监控值班员应查看是否出现"××母联（分段）保护 SV 采样数据异常"或"××母联（分段）保护 SV 采样链路中断"等伴随信号，做出初步判断，汇报调度，并通知运维单位现场处置。 （2）调度人员应做好事故预想，根据现场检查结果确定是否拟定下达调度指令。 （3）运维人员应现场检查保护装置及合并单元信号灯是否正常，检修压板投退是否正确，光纤插口是否松动、连接光口是否损坏。 （4）运维人员根据检查结果汇报调度，必要时停运相应保护功能或一次设备。 （5）不能自行处理时申请专业班组到站检查处置，检查保护装置及合并单元配置文件是否正确、光纤衰耗是否异常等，及时更换备用纤或光口

信息名称	告警分级	缺陷分类	信息原因	风险分析及预控措施
××母联（分段）保护SV采样数据异常	异常	危急	智能变电站母联（分段）保护装置模拟量采样数据自检校验出错。 原因分析：① 保护装置及合并单元双通道采样不一致；② 采样数据时序异常导致采样失步、丢失；③ 保护装置与合并单元检修压板投入不一致，导致采样品质位异常；④ 采样数据出错，品质位无效	风险分析：母联（分段）保护SV采样数据异常会闭锁保护功能，导致故障不能及时被切除，造成主设备损坏，由上一级保护越级动作，扩大事故范围，影响电网安全稳定运行。 预控措施： （1）发出"××母联（分段）保护SV采样数据异常"信号后，监控值班员应立即汇报调度人员，通知运维单位，加强运行监控，及时掌握设备运行情况。 （2）调度人员应做好事故预想，根据现场检查结果确定是否拟定下达调度指令。 （3）运维人员应现场检查保护装置及合并单元信号灯是否正常，检修压板投退是否正确。 （4）运维人员根据检查结果汇报调度，必要时停运相应保护功能或一次设备。 （5）不能自行处理时申请专业班组到站检查处置，检查保护装置及合并单元配置文件是否正确、光纤衰耗是否异常等，及时更换备用纤或光口
××母联（分段）保护SV采样链路中断	异常	危急	智能变电站母联（分段）保护装置收不到预期的SV数据报文。 原因分析：① 保护装置或合并单元配置文件有误；② 保护装置接收光口损坏；③ SV光纤回路衰耗大或光纤折断；④ 合并单元发送光口损坏	风险分析：母联（分段）保护SV采样链路中断会闭锁保护功能，导致故障不能及时被切除，造成主设备损坏，由上一级保护越级动作，扩大事故范围，影响电网安全稳定运行。 预控措施： （1）发出"××母联（分段）保护SV采样链路中断"信号后，监控值班员应立即汇报调度人员，通知运维单位，加强运行监控，及时掌握设备运行情况。 （2）调度人员应做好事故预想，根据现场检查结果确定是否拟定下达调度指令。

续表

信息名称	告警分级	缺陷分类	信息原因	风险分析及预控措施
××母联（分段）保护SV采样链路中断	异常	危急	智能变电站母联（分段）保护装置收不到预期的SV数据报文。 原因分析：① 保护装置或合并单元配置文件有误；② 保护装置接收光口损坏；③ SV光纤回路衰耗大或光纤折断；④ 合并单元发送光口损坏	（3）运维人员应现场检查保护装置及合并单元信号灯是否正常，光纤光口是否正常。 （4）运维人员根据检查结果汇报调度，必要时停运相应保护功能或一次设备。 （5）不能自行处理时申请专业班组到站检查处置，检查保护装置及合并单元配置文件是否正确、光纤衰耗是否异常等，及时更换备用纤或光口
××母联（分段）保护GOOSE总告警	异常	危急	智能变电站母联（分段）保护若订阅有GOOSE报文，一旦监测到GOOSE报文链路中断或采样数据异常，保护装置便会触发GOOSE总告警信号。若母联（分段）保护无GOOSE输入时，不采集此信号	风险分析：母联（分段）保护接收不到相应的GOOSE数据，影响保护功能。 预控措施： （1）发出"××母联（分段）保护GOOSE总告警"信号后，监控值班员应查看是否出现"××母联（分段）保护GOOSE采样数据异常"或"××母联（分段）保护GOOSE采样链路中断"等伴随信号，做出初步判断，汇报调度，并通知运维单位现场处置。 （2）调度人员应做好事故预想，根据现场检查结果确定是否拟定下达调度指令。 （3）运维人员应现场检查母联（分段）保护和是否正常，检修压板投退是否正确，光纤插口是否松动、连接光口是否损坏。 （4）运维人员根据检查结果汇报调度，必要时停运相应保护功能或一次设备。 （5）不能自行处理时申请专业班组到站检查处置，检查相关装置配置文件是否正确、光纤衰耗是否异常等，及时更换备用纤或光口

信息名称	告警分级	缺陷分类	信息原因	风险分析及预控措施
××母联（分段）保护GOOSE数据异常	异常	危急	智能变电站母联（分段）保护装置接收 GOOSE 报文，正常时每 5s 发送一帧，有变位时按 2、2、4、8ms 时间间隔发送。当断路器保护订阅数据自检校验出错时，会触发 GOOSE 数据异常告警。若母联（分段）保护无 GOOSE 输入时，不采集此信号。 原因分析：① 母联（分段）保护接收 GOOSE 报文丢帧、重复、序号逆转；② 母联（分段）保护与其他装置间配置有差异，GOOSE 报文内容不匹配	风险分析：母联（分段）保护 GOOSE 数据异常会影响保护功能。 预控措施： （1）发出"××母联（分段）保护 GOOSE 数据异常"信号后，监控值班员应立即汇报调度人员，通知运维单位，加强运行监控，及时掌握设备运行情况。 （2）调度人员应做好事故预想，根据现场检查结果确定是否拟定下达调度指令。 （3）运维人员应现场检查母联（分段）保护和是否正常，检修压板投退是否正确，光纤插口是否松动、连接光口是否损坏。 （4）运维人员根据检查结果汇报调度，必要时停运相应保护功能或一次设备。 （5）不能自行处理时申请专业班组到站检查处置，检查相关装置配置文件是否正确、光纤衰耗是否异常等，及时更换备用纤或光口
××母联（分段）保护GOOSE链路中断	异常	危急	智能变电站母联（分段）保护装置在 2 倍保护生存时间（20s）内未收到下一帧报文，接收方即发出 GOOSE 链路中断。若母联（分段）保护无 GOOSE 输入时，不采集此信号。 原因分析：① 母联（分段）保护或有关联装置配置文件有误；② 保护装置接收光口损坏；③ GOOSE 光纤回路衰耗大或光纤折断；④ 发送端光口损坏	风险分析：母联（分段）保护 GOOSE 链路中断会影响保护功能。 预控措施： （1）发出"××母联（分段）保护 GOOSE 链路中断"信号后，监控值班员应立即汇报调度人员，通知运维单位，加强运行监控，及时掌握设备运行情况。 （2）调度人员应做好事故预想，根据现场检查结果确定是否拟定下达调度指令。 （3）运维人员应现场检查母联（分段）保护和是否正常，检修压板投退是否正确，光纤插口是否松动、连接光口是否损坏。 （4）运维人员根据检查结果汇报调度，必要时停运相应保护功能或一次设备。 （5）不能自行处理时申请专业班组到站检查处置，检查相关装置配置文件是否正确，光纤衰耗是否异常等，及时更换备用纤或光口

续表

信息名称	告警分级	缺陷分类	信息原因	风险分析及预控措施
××母联（分段）保护对时异常	异常	严重	母联（分段）保护不能准确地实现时钟同步功能。 原因分析：① GPS 天线异常；② GPS 时钟同步装置异常；③ GPS 时钟扩展装置异常；④ GPS 与母联（分段）保护之间链路异常；⑤ 母联（分段）保护对时模块、守时模块异常	风险分析：保护装置处理数据采用插值同步算法，不依赖于外部对时信号，对保护功能不会造成影响。由于装置时钟不同步，导致保护报文时标错误，不利于故障时序分析及回溯。 预控措施： （1）监控值班员发现异常信号，应通知运维人员现场检查。当站内出现多个装置同时发对时异常信号时，则可判断为对时装置出现异常。 （2）运维人员现场检查母联（分段）保护及时间同步装置运行情况，核查设备与后台的时间是否一致。 （3）若同步对时装置正常，更换同步对时输出端口，若告警消失，则判断同步对时装置的输出口损坏，更换输出模板或端口。 （4）若采用光 B 码对时，则利用备用光纤、尾纤替换现用光纤尾纤，若告警消失，则判断由于对时光纤损坏或由于光纤衰耗过大影响同步信号传输，更换光纤或纤芯。 （5）若采用电 B 码对时，则检查装置插件是否插件，端子排连接是否紧固。 （6）不能自行处理时申请专业班组到站检查处置
××母联（分段）保护检修不一致	异常	危急	保护装置对合并单元、智能终端等设备上送报文的检修标志进行实时检测，并与装置自身的检修状态进行比较。如二者一致，将接收的数据应用于保护逻辑，保护正确动作；当二者不一致时，根据不同报文，选择性地闭锁相关元件。	风险分析：因检修状态不一致，相应采样、开入信号不能加入保护启动及动作程序，导致保护被误闭锁，不能及时隔离故障点，造成主设备损坏，由上一级保护越级动作，扩大事故范围，影响电网安全稳定运行。 预控措施： （1）监控值班员收到信号后应汇报调度，并通知运维人员，加强运行监控。 （2）运维人员应现场检查装置 GOOSE 检修信号灯是否正常，是否能够正常复归，若不能复归，逐级检查检修压板是否一致。

信息名称	告警分级	缺陷分类	信息原因	风险分析及预控措施
××母联（分段）保护检修不一致	异常	危急	原因分析：① 现场运维人员误操作；② 检修压板开入异常	（3）不能自行处理时申请专业班组到站检查处置，检查装置 GOOSE 接收控制模块是否出错，必要时申请停用该套装置更换相关硬件。 （4）更换硬件后应进行相应的装置试验，保证更换前后保护功能的正确性
××母联（分段）保护检修压板投入	异常	危急	同"××母联（分段）保护检修不一致"	同"××母联（分段）保护检修不一致"

6.6　电容器保护监控信息

信息名称	告警分级	缺陷分类	信息原因	风险分析及预控措施
××电容器保护出口	事故	危急	电容器保护出口为电容器保护动作合成总信号，具体包括过流保护动作、过压保护动作、不平衡保护动作。 原因分析：① 保护范围内的一次设备故障；② 保护误动	风险分析：电容器保护出口造成断路器跳闸，影响无功补偿能力，造成电网电压降低。 预控措施： （1）监控值班员核实断路器跳闸情况，联系调度停用该电容器 AVC 功能，通知运维人员，做好相关操作的准备。 （2）调度人员应核对电网运行方式，下达调度指令将故障设备隔离。 （3）运维人员应检查电容器有误喷油、变形、放电、损坏等现象，检查外熔断器的通断情况，对于集合式电容器还需检查油位及压力释放阀动作情况。 （4）运维人员应及时收集保护装置故障报告，结合录波器和其他保护动作启动情况，综合分析初步判断故障原因后，向调度汇报。 （5）若系保护装置误动，根据调度指令退出异常保护装置，并联系专业班组现场处理

续表

信息名称	告警分级	缺陷分类	信息原因	风险分析及预控措施
××电容器欠压保护出口	事故	危急	电容器是储能元件，当母线电压消失后，电容器仍会在残余电荷的作用下维持一定的电压。若残余电压未经充分放电（约五分钟）便投入运行，会产生高于额定工作电压的合闸过电压，导致电容器组损坏。因此，电容器需安全欠压保护。 　　欠压保护出口原因分析：① 母线因故失压；② 电压互感器损坏；③ TV 二次空气开关跳闸或二次回路故障；④ 电容器保护采样插件损坏	风险分析：电容器保护出口造成断路器跳闸。 　　预控措施： （1）监控值班员核实断路器跳闸情况，联系调度停用该电容器 AVC 功能，通知运维人员，做好相关操作的准备。 （2）调度人员应核对电网运行方式，下达调度指令将故障设备隔离。 （3）运维人员应检查一、二次设备有无异常，详细检查装置报文，记录保护动作时的电流、电压情况。 （4）检查 TV 二次空气开关状态及二次回路，综合分析初步判断故障原因后，向调度汇报。 （5）若系保护装置误动，根据调度指令退出异常保护装置，并联系专业班组现场处理
××电容器保护装置故障	异常	危急	电容器保护装置自检、巡检发生严重错误，装置闭锁所有保护功能。 　　原因分析：① 保护装置内存出错、定值区出错等硬件本身故障；② 装置失电或闭锁	风险分析：电容器保护装置处于不可用状态，导致故障不能及时被切除，造成主设备损坏，由上一级保护越级动作，扩大事故范围，影响电网安全稳定运行。 　　预控措施： （1）监控值班员应立即汇报调度人员，通知运维单位，加强运行监控，及时掌握设备运行情况。 （2）调度人员应做好事故预想，合理安排站内设备运行方式，下达调度指令。 （3）运维人员应仔细检查电容器保护装置各信号指示灯，记录液晶面板显示内容，并结合其他装置进行综合判断。 （4）根据检查结果汇报调度，停运相应的保护装置或一次设备

续表

信息名称	告警分级	缺陷分类	信息原因	风险分析及预控措施
××电容器保护装置异常	异常	危急	电容器保护装置自检、巡检发生异常，不闭锁保护，但部分保护功能会受到影响。 原因分析：① TA 断线；② TV 断线；③ 内部通信出错；④ CPU 检测到电流、电压采样异常；⑤ 装置长期启动；⑥ 保护装置插件或部分功能异常；⑦ 通信异常	风险分析：电容器保护装置异常会影响线路保护动作的灵敏性和选择性，造成保护误动、拒动或越级动作，扩大事故范围，影响电网安全稳定运行。 预控措施： （1）监控值班员应立即汇报调度人员，通知运维单位，加强运行监控，及时掌握设备运行情况。 （2）调度人员应做好事故预想，根据现场检查结果确定是否拟定下达调度指令。 （3）运维人员应仔细检查电容器保护装置各信号指示灯，记录液晶面板显示内容，并结合其他装置进行综合判断。 （4）根据检查结果汇报调度，必要时停运相应保护功能或一次设备。 （5）不能自行处理时申请专业班组到站检查处置
××电容器保护装置通信中断	异常	严重	电容器保护装置与站控层网络通信中断。 原因分析：① 内部通信参数设置错误；② 通信插件故障；③ 通信连接松动；④ 通信协议转换器故障；⑤ 站控层交换机故障	风险分析：电容器保护与站控层网络通信中断后，相应保护告警及动作信息无法上传监控后台及调控中心，使得电容器保护失去监视，影响事故处理进度。 预控措施： （1）监控值班员应通知运维人员现场检查电容器保护装置及通信回路运行情况，并加强监视。 （2）运维人员应通知专业班组检查保护装置及其与站控层交换机的连接情况

续表

信息名称	告警分级	缺陷分类	信息原因	风险分析及预控措施
××电容器保护 TA 断线	异常	危急	电容器保护装置检测到某一侧 TA 二次回路开路或采样值异常等原因超过 TA 断线定值。 原因分析：① 电容器保护装置采样插件损坏；② TA 二次接线松动；③ TA 损坏	风险分析：电容器保护 TA 断线影响部分保护功能，会造成过流元件不可用，影响保护的灵敏性和选择性，造成保护误动、拒动或越级动作，扩大事故范围，影响电网安全稳定运行。 预控措施： （1）监控值班员应立即汇报调度人员，通知运维单位，加强运行监控，及时掌握设备运行情况。 （2）调度人员应做好事故预想，根据现场检查结果确定是否拟定下达调度指令。 （3）运维人员应仔细检查装置面板采样，确定 TA 采样异常相别，现场检查端子箱、保护装置电流接线端子连片紧固情况，设备区 TA 有无异常声响。 （4）运维人员根据检查结果汇报调度，必要时停运相应保护功能或一次设备。 （5）不能自行处理时申请专业班组到站检查处置
××电容器保护 TV 断线	异常	危急	电容器保护装置检测到某一侧电压消失或三相不平衡。 原因分析：① 断路器保护装置采样插件损坏；② TV 二次接线松动；③ TV 二次空气开关跳开；④ TV 异常	风险分析：电容器保护 TV 断线影响部分保护功能，会造成欠压保护误动，影响设备安全稳定运行。 预控措施： （1）监控值班员应立即汇报调度人员，通知运维单位，加强运行监控，及时掌握设备运行情况。 （2）调度人员应做好事故预想，根据现场检查结果确定是否拟定下达调度指令。 （3）运维人员应仔细检查装置面板采样，确定 TV 采样异常相别，现场检查各级 TV 电压空气开关运行状态，核实端子排及连片的紧固情况。 （4）运维人员根据检查结果汇报调度，必要时停运相应保护功能或一次设备。 （5）不能自行处理时申请专业班组到站检查处置

续表

信息名称	告警分级	缺陷分类	信息原因	风险分析及预控措施
××电容器保护SV总告警	异常	危急	智能变电站电容器保护采用 SV 报文传递母线电压、间隔电流以及采样延时等重要信息，一旦监测到 SV 报文链路中断或采样数据异常，保护装置便会触发 SV 总告警信号。 原因分析：① 合并单元采集模块、电源模块、CPU 等内部元件损坏；② 合并单元电源失电；③ 合并单元发光模块异常；④ 合并单元采样数据异常；⑤ 保护装置至合并单元链路中断	风险分析：电容器保护 SV 总告警影响保护装置采样，造成电流、电压计算数据不正确、不同步，影响过流元件的正确性，导致电容器保护功能闭锁，导致故障不能及时被切除，造成主设备损坏，由上一级保护越级动作，扩大事故范围，影响电网安全稳定运行。 预控措施： （1）发出"××电容器保护 SV 总告警"信号后，监控值班员应查看是否出现"××电容器保护 SV 采样数据异常"或"××电容器保护 SV 采样链路中断"等伴随信号，做出初步判断，汇报调度，并通知运维单位现场处置。 （2）调度人员应做好事故预想，根据现场检查结果确定是否拟定下达调度指令。 （3）运维人员应现场检查保护装置及合并单元信号灯是否正常，检修压板投退是否正确，光纤插口是否松动、连接光口是否损坏。 （4）运维人员根据检查结果汇报调度，必要时停运相应保护功能或一次设备。 （5）不能自行处理时申请专业班组到站检查处置，检查保护装置及合并单元配置文件是否正确、光纤衰耗是否异常等，及时更换备用纤或光口
××电容器保护SV采样数据异常	异常	危急	智能变电站电容器保护装置模拟量采样数据自检校验出错。 原因分析：① 保护装置及合并单元双通道采样不一致；② 采样数据时序异常导致采样失步、丢失；③ 保护装置与合并单元检修压板投入不一致，导致采样品质位异常；④ 采样数据出错，品质位无效	风险分析：电容器保护 SV 采样数据异常会闭锁保护功能，导致故障不能及时被切除，造成主设备损坏，由上一级保护越级动作，扩大事故范围，影响电网安全稳定运行。 预控措施： （1）发出"××电容器保护 SV 采样数据异常"信号后，监控值班员应立即汇报调度人员，通知运维单位，加强运行监控，及时掌握设备运行情况。

信息名称	告警分级	缺陷分类	信息原因	风险分析及预控措施
××电容器保护SV采样数据异常	异常	危急	智能变电站电容器保护装置模拟量采样数据自检校验出错。 原因分析：① 保护装置及合并单元双通道采样不一致；② 采样数据时序异常导致采样失步、丢失；③ 保护装置与合并单元检修压板投入不一致，导致采样品质位异常；④ 采样数据出错，品质位无效	（2）调度人员应做好事故预想，根据现场检查结果确定是否拟定下达调度指令。 （3）运维人员应现场检查保护装置及合并单元信号灯是否正常，检修压板投退是否正确。 （4）运维人员根据检查结果汇报调度，必要时停运相应保护功能或一次设备。 （5）不能自行处理时申请专业班组到站检查处置
××电容器保护SV采样链路中断	异常	危急	智能变电站电容器保护装置收不到预期的SV数据报文。 原因分析：① 保护装置或合并单元配置文件有误；② 保护装置接收光口损坏；③ SV光纤回路衰耗大或光纤折断；④ 合并单元发送光口损坏	风险分析：电容器保护SV采样链路中断会闭锁保护功能，导致故障不能及时被切除，造成主设备损坏，由上一级保护越级动作，扩大事故范围，影响电网安全稳定运行。 预控措施： （1）发出"××电容器保护SV采样链路中断"信号后，监控值班员应立即汇报调度人员，通知运维单位，及时掌握设备运行情况。 （2）调度人员应做好事故预想，根据现场检查结果确定是否拟定下达调度指令。 （3）运维人员应现场检查保护装置及合并单元信号灯是否正常，光纤光口是否正常。 （4）运维人员根据检查结果汇报调度，必要时停运相应保护功能或一次设备。 （5）不能自行处理时申请专业班组到站检查处置，检查保护装置及合并单元配置文件是否正确、光纤衰耗是否异常等，及时更换备用纤或光口

信息名称	告警分级	缺陷分类	信息原因	风险分析及预控措施
××电容器保护GOOSE总告警	异常	危急	智能变电站电容器保护采用 GOOSE 报文传递备自投联跳等重要信息，一旦监测到 GOOSE 报文链路中断或采样数据异常，保护装置便会触发 GOOSE 总告警信号。 原因分析：① 备自投异常或闭锁；② 备自投电源失电；③ 备自投发光模块异常；④ 备自投发送数据异常；⑤ 电容器保护装置至备自投或过程层交换机光纤折断	风险分析：电容器保护接收不到备自投联跳信号，在母线失压后电容器组仍有残压，备自投动作会造成合闸过电压，损坏电容器组。 预控措施： （1）发出"××电容器保护 GOOSE 总告警"信号后，监控值班员应查看是否出现"××电容器保护 GOOSE 采样数据异常"或"××电容器保护 GOOSE 采样链路中断"等伴随信号，做出初步判断，汇报调度，并通知运维单位现场处置。 （2）调度人员应做好事故预想，根据现场检查结果确定是否拟定下达调度指令。 （3）运维人员应现场检查电容器保护和备自投等装置信号灯是否正常，检修压板投退是否正确，光纤插口是否松动、连接光口是否损坏。 （4）运维人员根据检查结果汇报调度，必要时停运相应保护功能或一次设备。 （5）不能自行处理时申请专业班组到站检查处置，检查电容器保护和备自投配置文件是否正确、光纤衰耗是否异常等，及时更换备用纤或光口
××电容器保护GOOSE数据异常	异常	危急	智能变电站电容器保护装置接收母线保护 GOOSE 报文，正常时每 5s 发送一帧，有变位时按 2、2、4、8ms 时间间隔发送。当断路器保护订阅数据自检校验出错时，会触发 GOOSE 数据异常告警。 原因分析：① 电容器保护接收 GOOSE 报文丢帧、重复、序号逆转；② 电容器保护与备自投间配置有差异，GOOSE 报文内容不匹配	风险分析：电容器保护 GOOSE 采样数据异常会影响备自投联跳功能，在母线失压后电容器组仍有残压，备自投动作会造成合闸过电压，损坏电容器组。 预控措施： （1）发出"××电容器保护 GOOSE 数据异常"信号后，监控值班员应立即汇报调度人员，通知运维单位，加强运行监控，及时掌握设备运行情况。

信息名称	告警分级	缺陷分类	信息原因	风险分析及预控措施
××电容器保护GOOSE数据异常	异常	危急	智能变电站电容器保护装置接收母线保护 GOOSE 报文，正常时每 5s 发送一帧，有变位时按 2、2、4、8ms 时间间隔发送。当断路器保护订阅数据自检校验出错时，会触发 GOOSE 数据异常告警。 原因分析：① 电容器保护接收 GOOSE 报文丢帧、重复、序号逆转；② 电容器保护与备自投间配置有差异，GOOSE 报文内容不匹配	（2）调度人员应做好事故预想，根据现场检查结果确定是否拟定下达调度指令。 （3）运维人员应现场检查电容器保护和备自投信号灯是否正常，检修压板投退是否正确。 （4）运维人员根据检查结果汇报调度，必要时停运相应保护功能或一次设备。 （5）不能自行处理时申请专业班组到站检查处置，检查电容器保护和备自投配置文件是否正确、光纤衰耗是否异常等，及时更换备用纤或光口
××电容器保护GOOSE链路中断	异常	危急	智能变电站电容器保护装置在 2 倍保护生存时间（20s）内未收到下一帧报文，接收方即发出 GOOSE 链路中断。 原因分析：① 电容器保护和备自投配置文件有误；② 保护装置接收光口损坏；③ GOOSE 光纤回路衰耗大或光纤折断；④ 备自投发送光口损坏	风险分析：电容器保护 GOOSE 采样数据异常会影响备自投联跳功能，在母线失压后电容器组仍有残压，备自投动作会造成合闸过电压，损坏电容器组。 预控措施： （1）发出"××电容器保护 GOOSE 链路中断"信号后，监控值班员应立即汇报调度人员，通知运维单位，加强运行监控，及时掌握设备运行情况。 （2）调度人员应做好事故预想，根据现场检查结果确定是否拟定下达调度指令。 （3）运维人员应现场检查电容器保护和备自投信号灯是否正常，检修压板投退是否正确。 （4）运维人员根据检查结果汇报调度，必要时停运相应保护功能或一次设备。 （5）不能自行处理时申请专业班组到站检查处置，检查电容器保护和备自投配置文件是否正确、光纤衰耗是否异常等，及时更换备用纤或光口

信息名称	告警分级	缺陷分类	信息原因	风险分析及预控措施
××电容器保护对时异常	异常	严重	电容器保护不能准确地实现时钟同步功能。 原因分析：① GPS 天线异常；② GPS 时钟同步装置异常；③ GPS 时钟扩展装置异常；④ GPS 与电容器保护之间链路异常；⑤ 电容器保护对时模块、守时模块异常	风险分析：保护装置处理数据采用插值同步算法，不依赖于外部对时信号，对保护功能不会造成影响。由于装置时钟不同步，导致保护报文时标错误，不利于故障时序分析及回溯。 预控措施： （1）监控值班员发现异常信号，应通知运维人员现场检查。当站内出现多个装置同时发对时异常信号时，则可判断为对时装置出现异常。 （2）运维人员现场检查电容器保护及时间同步装置运行情况，核查设备与后台的时间是否一致。 （3）若同步对时装置正常，更换同步对时输出端口，若告警消失，则判断同步对时装置的输出口损坏，更换输出模板或端口。 （4）若采用光 B 码对时，则利用备用光纤、尾纤替换现用光纤尾纤，若告警消失，则判断由于对时光纤损坏或由于光纤衰耗过大影响同步信号传输，更换光纤或纤芯。 （5）若采用电 B 码对时，则检查装置插件是否插件，端子排连接是否紧固。 （6）不能自行处理时申请专业班组到站检查处置，利用仪器在接受端测量对时信号
××电容器保护检修不一致	异常	危急	保护装置对合并单元、智能终端等设备上送报文的检修标志进行实时检测，并与装置自身的检修状态进行比较。如二者一致，将接收的数据应用于保护逻辑，保护正确动作；当二者不一致时，根据不同报文，选择性地闭锁相关元件。 原因分析：① 现场运维人员误操作；② 检修压板开入异常	风险分析：因检修状态不一致，相应采样、开入信号不能加入保护启动及动作程序，导致保护被误闭锁，不能及时隔离故障点，造成主设备损坏，由上一级保护越级动作，扩大事故范围，影响电网安全稳定运行。 预控措施： （1）监控值班员收到信号后应汇报调度，并通知运维人员，加强运行监控。 （2）运维人员应现场检查装置 GOOSE 检修信号灯是否正常，是否能够正常复归，若不能复归，逐级检查检修压板是否一致。

信息名称	告警分级	缺陷分类	信息原因	风险分析及预控措施
××电容器保护检修不一致	异常	危急	保护装置对合并单元、智能终端等设备上送报文的检修标志进行实时检测，并与装置自身的检修状态进行比较。如二者一致，将接收的数据应用于保护逻辑，保护正确动作；当二者不一致时，根据不同报文，选择性地闭锁相关元件。 原因分析：① 现场运维人员误操作；② 检修压板开入异常	（3）不能自行处理时申请专业班组到站检查处置，检查装置GOOSE 接收控制模块是否出错，必要时申请停用该套装置更换相关硬件。 （4）更换硬件后应进行相应的装置试验，保证更换前后保护功能的正确性
××电容器保护检修压板投入	异常	危急	同"××电容器保护检修不一致"	同"××电容器保护检修不一致"

6.7　低压电抗器保护监控信息

信息名称	告警分级	缺陷分类	信息原因	风险分析及预控措施
××低压电抗器保护出口	事故	危急	低压电抗器保护出口为低压电抗器保护动作合成总信号，具体包括差动保护动作、过流保护动作、零序保护动作。 原因分析：① 保护范围内的一次设备故障；② 保护误动	风险分析：低压电抗器保护出口造成断路器跳闸，影响无功补偿能力。 预控措施： （1）监控值班员核实断路器跳闸情况，联系调度进行事故处理，通知运维人员，做好相关操作的准备。 （2）调度人员应核对电网运行方式，下达调度指令将故障设备隔离。 （3）运维人员应检查电抗器本体有无着火、闪络放电、断线短路、小动物爬入和鸟害引起短路等故障现象。 （4）运维人员应及时收集保护装置故障报告，结合录波器和其他保护动作启动情况，综合分析初步判断故障原因后，向调度汇报。 （5）若系保护装置误动，根据调度指令退出异常保护装置，并联系专业班组现场处理

信息名称	告警分级	缺陷分类	信息原因	风险分析及预控措施
××低压电抗器保护装置故障	异常	危急	低压电抗器保护装置自检、巡检发生严重错误，装置闭锁所有保护功能。 原因分析：① 保护装置内存出错、定值区出错等硬件本身故障；② 装置失电或闭锁	风险分析：低压电抗器保护装置处于不可用状态，导致故障不能及时被切除，造成主设备损坏，由上一级保护越级动作，扩大事故范围，影响电网安全稳定运行。 预控措施： （1）监控值班员应立即汇报调度人员，通知运维单位，加强运行监控，及时掌握设备运行情况。 （2）调度人员应做好事故预想，合理安排站内设备运行方式，下达调度指令。 （3）运维人员应仔细检查低压电抗器保护装置各信号指示灯，记录液晶面板显示内容，并结合其他装置进行综合判断。 （4）根据检查结果汇报调度，停运相应的保护装置或一次设备
××低压电抗器保护装置异常	异常	危急	低压电抗器保护装置自检、巡检发生异常，不闭锁保护，但部分保护功能会受到影响。 原因分析：① TA 断线；② TV 断线；③ 内部通信出错；④ CPU 检测到电流、电压采样异常；⑤ 装置长期启动；⑥ 保护装置插件或部分功能异常；⑦ 通信异常	风险分析：低压电抗器保护装置异常会影响低压电抗器保护动作的灵敏性和选择性，造成保护误动、拒动或越级动作，扩大事故范围，影响电网安全稳定运行。 预控措施： （1）监控值班员应立即汇报调度人员，通知运维单位，加强运行监控，及时掌握设备运行情况。 （2）调度人员应做好事故预想，根据现场检查结果确定是否拟定下达调度指令。 （3）运维人员应仔细检查低压电抗器保护装置各信号指示灯，记录液晶面板显示内容，并结合其他装置进行综合判断。 （4）根据检查结果汇报调度，必要时停运相应保护功能或一次设备。 （5）不能自行处理时申请专业班组到站检查处置

信息名称	告警分级	缺陷分类	信息原因	风险分析及预控措施
××低压电抗器保护TA断线	异常	危急	低压电抗器保护装置检测到某一侧TA二次回路开路或采样值异常等原因超过TA断线定值。 原因分析：① 电容器保护装置采样插件损坏；② TA 二次接线松动；③ TA损坏	风险分析：低压电抗器保护TA断线影响部分保护功能，会造成差动元件、过流元件不可用，影响保护的灵敏性和选择性，造成保护误动、拒动或越级动作，扩大事故范围，影响电网安全稳定运行。 预控措施： （1）监控值班员应立即汇报调度人员，通知运维单位，加强运行监控，及时掌握设备运行情况。 （2）调度人员应做好事故预想，根据现场检查结果确定是否拟定下达调度指令。 （3）运维人员应仔细检查装置面板采样，确定 TA 采样异常相别，现场检查端子箱、保护装置电流接线端子连片紧固情况，设备区 TA 有无异常声响。 （4）运维人员根据检查结果汇报调度，必要时停运相应保护功能或一次设备。 （5）不能自行处理时申请专业班组到站检查处置
××低压电抗器保护TV断线	异常	危急	低压电抗器保护装置检测到某一侧电压消失或三相不平衡。 原因分析：① 低压电抗器保护装置采样插件损坏；② TV 二次接线松动；③ TV 二次空气开关跳开；④ TV 异常	风险分析：低压电抗器保护 TV 断线影响部分保护功能，影响设备安全稳定运行。 预控措施： （1）监控值班员应立即汇报调度人员，通知运维单位，加强运行监控，及时掌握设备运行情况。 （2）调度人员应做好事故预想，根据现场检查结果确定是否拟定下达调度指令。 （3）运维人员应仔细检查装置面板采样，确定 TV 采样异常相别，现场检查各级 TV 电压空气开关运行状态，核实端子排及连片的紧固情况。 （4）运维人员根据检查结果汇报调度，必要时停运相应保护功能或一次设备。 （5）不能自行处理时申请专业班组到站检查处置

信息名称	告警分级	缺陷分类	信息原因	风险分析及预控措施
××低压电抗器保护装置通信中断	异常	严重	低压电抗器保护装置与站控层网络通信中断。 原因分析：① 内部通信参数设置错误；② 通信插件故障；③ 通信连接松动；④ 通信协议转换器故障；⑤ 站控层交换机故障	风险分析：低压电抗器保护与站控层网络通信中断后，相应保护告警及动作信息无法上传监控后台及调控中心，使得低压电抗器保护失去监视，影响事故处理进度。 预控措施： （1）监控值班员应通知运维人员现场检查低压电抗器保护装置及通信回路运行情况，并加强监视。 （2）运维人员应通知专业班组检查保护装置及其与站控层交换机的连接情况
××低压电抗器保护SV总告警	异常	危急	智能变电站低压电抗器保护采用SV报文传递母线电压、间隔电流以及采样延时等重要信息，一旦监测到SV报文链路中断或采样数据异常，保护装置便会触发SV总告警信号。 原因分析：① 合并单元采集模块、电源模块、CPU等内部元件损坏；② 合并单元电源失电；③ 合并单元发光模块异常；④ 合并单元采样数据异常；⑤ 保护装置至合并单元链路中断	风险分析：低压电抗器保护SV总告警影响保护装置采样，造成电流、电压计算数据不正确、不同步，影响过流元件的正确性，导致低压电抗器保护功能闭锁，导致故障不能及时被切除，造成主设备损坏，由上一级保护越级动作，扩大事故范围，影响电网安全稳定运行。 预控措施： （1）发出"××低压电抗器保护SV总告警"信号后，监控值班员应查看是否出现"××低压电抗器保护SV采样数据异常"或"××低压电抗器保护SV采样链路中断"等伴随信号，做出初步判断，汇报调度，并通知运维单位现场处置。 （2）调度人员应做好事故预想，根据现场检查结果确定是否拟定下达调度指令。 （3）运维人员应现场检查保护装置及合并单元信号灯是否正常，检修压板投退是否正确，光纤插口是否松动、连接光口是否损坏。 （4）运维人员根据检查结果汇报调度，必要时停运相应保护功能或一次设备。 （5）不能自行处理时申请专业班组到站检查处置，检查保护装置及合并单元配置文件是否正确、光纤衰耗是否异常等，及时更换备用纤或光口

信息名称	告警分级	缺陷分类	信息原因	风险分析及预控措施
××低压电抗器保护 SV 采样数据异常	异常	危急	智能变电站低压电抗器保护装置模拟量采样数据自检校验出错。 原因分析：① 保护装置及合并单元双通道采样不一致；② 采样数据时序异常导致采样失步、丢失；③ 保护装置与合并单元检修压板投入不一致，导致采样品质位异常；④ 采样数据出错，品质位无效	风险分析：低压电抗器保护 SV 采样数据异常会闭锁保护功能，导致故障不能及时被切除，造成主设备损坏，由上一级保护越级动作，扩大事故范围，影响电网安全稳定运行。 预控措施： （1）发出"××低压电抗器保护 SV 采样数据异常"信号后，监控值班员应立即汇报调度人员，通知运维单位，加强运行监控，及时掌握设备运行情况。 （2）调度人员应做好事故预想，根据现场检查结果确定是否拟定下达调度指令。 （3）运维人员应现场检查保护装置及合并单元信号灯是否正常，检修压板投退是否正确。 （4）运维人员根据检查结果汇报调度，必要时停运相应保护功能或一次设备。 （5）不能自行处理时申请专业班组到站检查处置
××低压电抗器保护 SV 采样链路中断	异常	危急	智能变电站低压电抗器保护装置收不到预期的 SV 数据报文。 原因分析：① 保护装置或合并单元配置文件有误；② 保护装置接收光口损坏；③ SV 光纤回路衰耗大或光纤折断；④ 合并单元发送光口损坏	风险分析：低压电抗器保护 SV 采样链路中断会闭锁保护功能，导致故障不能及时被切除，造成主设备损坏，由上一级保护越级动作，扩大事故范围，影响电网安全稳定运行。 预控措施： （1）发出"××低压电抗器保护 SV 采样链路中断"信号后，监控值班员应立即汇报调度人员，通知运维单位，及时掌握设备运行情况。 （2）调度人员应做好事故预想，根据现场检查结果确定是否拟定下达调度指令。 （3）运维人员应现场检查保护装置及合并单元信号灯是否正常，光纤光口是否正常。 （4）运维人员根据检查结果汇报调度，必要时停运相应保护功能或一次设备。 （5）不能自行处理时申请专业班组到站检查处置，检查保护装置及合并单元配置文件是否正确、光纤衰耗是否异常等，及时更换备用纤或光口

信息名称	告警分级	缺陷分类	信息原因	风险分析及预控措施
××低压电抗器保护GOOSE总告警	异常	危急	智能变电站低压电抗器保护若订阅有GOOSE报文，一旦监测到GOOSE报文链路中断或采样数据异常，保护装置便会触发GOOSE总告警信号。若低压电抗器保护无GOOSE输入时，不采集此信号	风险分析：低压电抗器保护接收不到相应的GOOSE数据，影响保护功能。 预控措施： （1）发出"××低压电抗器保护GOOSE总告警"信号后，监控值班员应查看是否出现"××低压电抗器保护GOOSE采样数据异常"或"××低压电抗器保护GOOSE采样链路中断"等伴随信号，做出初步判断，汇报调度，并通知运维单位现场处置。 （2）调度人员应做好事故预想，根据现场检查结果确定是否拟定下达调度指令。 （3）运维人员应现场检查低压电抗器保护和是否正常，检修压板投退是否正确，光纤插口是否松动、连接光口是否损坏。 （4）运维人员根据检查结果汇报调度，必要时停运相应保护功能或一次设备。 （5）不能自行处理时申请专业班组到站检查处置，检查相关装置配置文件是否正确、光纤衰耗是否异常等，及时更换备用纤或光口
××低压电抗器保护GOOSE数据异常	异常	危急	智能变电站低压电抗器保护装置接收GOOSE报文，正常时每5s发送一帧，有变位时按2、2、4、8ms时间间隔发送。当断路器保护订阅数据自检校验出错时，会触发GOOSE数据异常告警。若低压电抗器保护无GOOSE输入时，不采集此信号。 原因分析：① 低压电抗器保护接收GOOSE报文丢帧、重复、序号逆转；② 低压电抗器保护与其他装置间配置有差异，GOOSE报文内容不匹配	风险分析：低压电抗器保护GOOSE数据异常会影响保护功能。 预控措施： （1）发出"××低压电抗器保护GOOSE数据异常"信号后，监控值班员应立即汇报调度人员，通知运维单位，加强运行监控，及时掌握设备运行情况。 （2）调度人员应做好事故预想，根据现场检查结果确定是否拟定下达调度指令。 （3）运维人员应现场检查低压电抗器保护和是否正常，检修压板投退是否正确，光纤插口是否松动、连接光口是否损坏。 （4）运维人员根据检查结果汇报调度，必要时停运相应保护功能或一次设备。 （5）不能自行处理时申请专业班组到站检查处置，检查相关装置配置文件是否正确、光纤衰耗是否异常等，及时更换备用纤或光口

信息名称	告警分级	缺陷分类	信息原因	风险分析及预控措施
××低压电抗器保护GOOSE链路中断	异常	危急	智能变电站低压电抗器保护装置在 2 倍保护生存时间（20s）内未收到下一帧报文，接收方即发出 GOOSE 链路中断。若低压电抗器保护无 GOOSE 输入时，不采集此信号。 原因分析：① 低压电抗器保护或有关联装置配置文件有误；② 保护装置接收光口损坏；③ GOOSE 光纤回路衰耗大或光纤折断；④ 发送端光口损坏	风险分析：低压电抗器保护 GOOSE 链路中断会影响保护功能。 预控措施： （1）发出"××低压电抗器保护 GOOSE 链路中断"信号后，监控值班员应立即汇报调度人员，通知运维单位，加强运行监控，及时掌握设备运行情况。 （2）调度人员应做好事故预想，根据现场检查结果确定是否拟定下达调度指令。 （3）运维人员应现场检查低压电抗器保护和是否正常，检修压板投退是否正确，光纤插口是否松动、连接光口是否损坏。 （4）运维人员根据检查结果汇报调度，必要时停运相应保护功能或一次设备。 （5）不能自行处理时申请专业班组到站检查处置，检查相关装置配置文件是否正确、光纤衰耗是否异常等，及时更换备用纤或光口
××低压电抗器保护对时异常	异常	严重	低压电抗器保护不能准确地实现时钟同步功能。 原因分析：① GPS 天线异常；② GPS 时钟同步装置异常；③ GPS 时钟扩展装置异常；④ GPS 与低压电抗器保护之间链路异常；⑤ 低压电抗器保护对时模块、守时模块异常	风险分析：保护装置处理数据采用插值同步算法，不依赖于外部对时信号，对保护功能不会造成影响。由于装置时钟不同步，导致保护报文时标错误，不利于故障时序分析及回溯。 预控措施： （1）监控值班员发现异常信号，应通知运维人员现场检查。当站内出现多个装置同时发对时异常信号时，则可判断为对时装置出现异常。 （2）运维人员现场检查低压电抗器保护及时间同步装置运行情况，核查设备与后台的时间是否一致。 （3）若同步对时装置正常，更换同步对时输出端口，若告警消失，则判断同步对时装置的输出口损坏，更换输出模板或端口。 （4）若采用光 B 码对时，则利用备用光纤、尾纤替换现用光纤尾纤，若告警消失，则判断出于对时光纤损坏或出于光纤衰耗过大影响同步信号传输，更换光纤或纤芯。

信息名称	告警分级	缺陷分类	信息原因	风险分析及预控措施
××低压电抗器保护对时异常	异常	严重		（5）若采用电 B 码对时，则检查装置插件是否插件，端子排连接是否紧固。 （6）不能自行处理时申请专业班组到站检查处置，利用仪器在接受端测量对时信号
××低压电抗器保护检修不一致	异常	危急	保护装置对合并单元、智能终端等设备上送报文的检修标志进行实时检测，并与装置自身的检修状态进行比较。如二者一致，将接收的数据应用于保护逻辑，保护正确动作；当二者不一致时，根据不同报文，选择性地闭锁相关元件。 原因分析：① 现场运维人员误操作；② 检修压板开入异常	风险分析：因检修状态不一致，相应采样、开入信号不能加入保护启动及动作程序，导致保护被误闭锁，不能及时隔离故障点，造成主设备损坏，由上一级保护越级动作，扩大事故范围，影响电网安全稳定运行。 预控措施： （1）监控值班员收到信号后应汇报调度，并通知运维人员，加强运行监控。 （2）运维人员应现场检查装置 GOOSE 检修信号灯是否正常，是否能够正常复归，若不能复归，逐级检查检修压板是否一致。 （3）不能自行处理时申请专业班组到站检查处置，检查装置 GOOSE 接收控制模块是否出错，必要时申请停用该套装置更换相关硬件。 （4）更换硬件后应进行相应的装置试验，保证更换前后保护功能的正确性
××低压电抗器保护检修压板投入	异常	危急	同"××低压电抗器保护检修不一致"	同"××低压电抗器保护检修不一致"

6.8 站用变压器保护监控信息

信息名称	告警分级	缺陷分类	信息原因	风险分析及预控措施
××站用变压器保护出口	事故	危急	站用变压器保护出口为站用变压器保护动作合成总信号，具体包括过流保护动	风险分析：站用变压器保护出口造成断路器跳闸，造成站用交流失电，影响直流系统设备，威胁保护装置正常运行。

信息名称	告警分级	缺陷分类	信息原因	风险分析及预控措施
××站用变压器保护出口	事故	危急	作、零序保护动作。 　　原因分析：① 保护范围内的一次设备故障；② 保护误动	预控措施： （1）监控值班员核实断路器跳闸情况，联系调度进行事故处理，通知运维人员，做好相关操作的准备。 （2）调度人员应核对电网运行方式，下达调度指令将故障设备隔离。 （3）运维人员应检查站用变压器本体有无异常，重点检查站用变压器有无喷油、漏油等，检查气体继电器内部有无气体积聚，检查站用变压器本体油温、油位变化。 （4）检查站用变压器套管、引线及接头有无闪络放电、断线、短路，有无小动物爬入引起短路故障等。 （5）运维人员还应核对站用变压器保护动作信息，检查低压母线侧备自投装置动作情况、运行站用变压器及其馈线负载情况。 （6）若保护装置误动，根据调度指令退出异常保护装置，并联系专业班组现场处理
××站用变压器保护装置故障	异常	危急	站用变压器保护装置自检、巡检发生严重错误，装置闭锁所有保护功能。 　　原因分析：① 保护装置内存出错、定值区出错等硬件本身故障；② 装置失电或闭锁	风险分析：站用变压器保护装置处于不可用状态，导致故障不能及时被切除，造成主设备损坏，由上一级保护越级动作，扩大事故范围，影响电网安全稳定运行。 预控措施： （1）监控值班员应立即汇报调度人员，通知运维单位，加强运行监控，及时掌握设备运行情况。 （2）调度人员应做好事故预想，合理安排站内设备运行方式，下达调度指令。 （3）运维人员应仔细检查站用变压器保护装置各信号指示灯，记录液晶面板显示内容，并结合其他装置进行综合判断。 （4）根据检查结果汇报调度，停运相应的保护装置或一次设备
××站用变压器保护装置异常	异常	危急	站用变压器保护装置自检、巡检发生异常，不闭锁保护，但部分保护功能会受到影响。	风险分析：站用变压器保护装置异常会影响低压电抗器保护动作的灵敏性和选择性，造成保护误动、拒动或越级动作，扩大事故范围，影响电网安全稳定运行。 预控措施： （1）监控值班员应立即汇报调度人员，通知运维单位，加强运行监控，及时掌握设备运行情况。

信息名称	告警分级	缺陷分类	信息原因	风险分析及预控措施
××站用变压器保护装置异常	异常	危急	原因分析：① TA 断线；② TV 断线；③ 内部通信出错；④ CPU 检测到电流、电压采样异常；⑤ 装置长期启动；⑥ 保护装置插件或部分功能异常；⑦ 通信异常	（2）调度人员应做好事故预想，根据现场检查结果确定是否拟定下达调度指令。 （3）运维人员应仔细检查站用变压器保护装置各信号指示灯，记录液晶面板显示内容，并结合其他装置进行综合判断。 （4）根据检查结果汇报调度，必要时停运相应保护功能或一次设备。 （5）不能自行处理时申请专业班组到站检查处置
××站用变压器保护通信中断	异常	严重	站用变压器保护装置与站控层网络通信中断。 原因分析：① 内部通信参数设置错误；② 通信插件故障；③ 通信连接松动；④ 通信协议转换器故障；⑤ 站控层交换机故障	风险分析：站用变压器保护与站控层网络通信中断后，相应保护告警及动作信息无法上传监控后台及调控中心，使得站用变压器保护失去监视，影响事故处理进度。 预控措施： （1）监控值班员应通知运维人员现场检查站用变压器保护装置及通信回路运行情况，并加强监视。 （2）运维人员应通知专业班组检查保护装置及其与站控层交换机的连接情况
××站用变压器保护 SV 总告警	异常	危急	智能变电站站用变压器保护采用 SV 报文传递母线电压、间隔电流以及采样延时等重要信息，一旦监测到 SV 报文链路中断或采样数据异常，保护装置便会触发 SV 总告警信号。 原因分析：① 合并单元采集模块、电源模块、CPU 等内部元件损坏；② 合并单元电源失电；③ 合并单元发光模块异常；④ 合并单元采样数据异常；⑤ 保护装置至合并单元链路中断	风险分析：站用变压器保护 SV 总告警影响保护装置采样，造成电流、电压计算数据不正确、不同步，影响过流元件的正确性，导致站用变压器保护功能闭锁，导致故障不能及时被切除，造成主设备损坏，由上一级保护越级动作，扩大事故范围，影响电网安全稳定运行。 预控措施： （1）发出"××站用变压器保护 SV 总告警"信号后，监控值班员应根据其他伴随信号，做出初步判断，汇报调度，并通知运维单位现场处置。 （2）调度人员应做好事故预想，根据现场检查结果确定是否拟定下达调度指令。 （3）运维人员应现场检查保护装置及合并单元信号灯是否正常，检修压板投退是否正确，光纤插口是否松动、连接光口是否损坏。 （4）运维人员根据检查结果汇报调度，必要时停运相应保护功能或一次设备。

信息名称	告警分级	缺陷分类	信息原因	风险分析及预控措施
××站用变压器保护SV总告警	异常	危急		（5）不能自行处理时申请专业班组到站检查处置，检查保护装置及合并单元配置文件是否正确、光纤衰耗是否异常等，及时更换备用纤或光口
××站用变压器保护GOOSE总告警	异常	危急	智能变电站站用变压器保护若订阅有GOOSE报文，一旦监测到GOOSE报文链路中断或采样数据异常，保护装置便会触发GOOSE总告警信号。若站用变压器保护无GOOSE输入时，不采集此信号	风险分析：站用变压器保护接收不到相应的GOOSE数据，影响保护功能。 预控措施： （1）发出"××站用变压器保护GOOSE总告警"信号后，监控值班员应根据其他伴随信号，做出初步判断，汇报调度，并通知运维单位现场处置。 （2）调度人员应做好事故预想，根据现场检查结果确定是否拟定下达调度指令。 （3）运维人员应现场检查站用变压器保护和是否正常，检修压板投退是否正确，光纤插口是否松动、连接光口是否损坏。 （4）运维人员根据检查结果汇报调度，必要时停运相应保护功能或一次设备。 （5）不能自行处理时申请专业班组到站检查处置，检查相关装置配置文件是否正确、光纤衰耗是否异常等，及时更换备用纤或光口
××站用变压器保护检修压板投入	异常	危急	保护装置对合并单元、智能终端等设备上送报文的检修标志进行实时检测，并与装置自身的检修状态进行比较。如二者一致，将接收的数据应用于保护逻辑，保护正确动作；当二者不一致时，根据不同报文，选择性地闭锁相关元件。 原因分析：① 现场运维人员误操作；② 检修压板开入异常	风险分析：因检修状态不一致，相关联闭锁信号、SV采样值不能加入保护启动及动作程序，导致保护被误闭锁，不能及时隔离故障点，造成主设备损坏，由上一级保护越级动作，扩大事故范围，影响电网安全稳定运行。 预控措施： （1）监控值班员收到信号后应汇报调度，并通知运维人员，加强运行监控。 （2）运维人员应现场检查装置GOOSE检修信号灯是否正常，是否能够正常复归，若不能复归，逐级检查检修压板是否一致。 （3）不能自行处理时申请专业班组到站检查处置，检查装置GOOSE接收控制模块是否出错，必要时申请停用该套装置更换相关硬件。 （4）更换硬件后应进行相应的装置试验，保证更换前后保护功能的正确性

第7章
安全自动装置监控告警信息分析

7.1 备自投监控信息

信息名称	告警分级	缺陷分类	信息原因	风险分析及预控措施
××备自投出口	事故	危急	备自投装置主要用于 110kV 及以下中、低压配电系统中，是保证电力系统连续可靠供电的重要设备，用于在工作电源因故障被断开后，能自动而迅速地将备用电源投入运行。 GB/T 14285—2006《继电保护和安全自动装置技术规程》中规定，以下情况应装设备用电源自动投入装置：① 装有备用电源的发电厂厂用电源和变电所所用电源；② 由双电源供电，其中一个电源经常断开作为备用的变电所；③ 降压变电所内有备用变压器或有互为备用的母线段；④ 有备用机组的某些重要辅机。 备自投出口的原因分析：① 工作变压器、母线、线路等设备故障，造成工作母线失压；② TV 损坏或 TV 二次空气开关跳闸；③ 二次回路故障造成备自投装置误动	风险分析：备自投出口动作跳开工作电源断路器，投入备用电源断路器，并联切电容器及有源线路。 预控措施： （1）监控值班员核实断路器跳闸情况，联系调度进行事故处理，通知运维人员，做好相关操作的准备。 （2）调度人员应核对电网运行方式及潮流变化情况，下达调度指令将故障设备隔离。 （3）运维人员应检查断路器位置状态及 TV 二次回路，收集站内备自投及相关保护装置动作信息，结合故障录波器动作情况，初步判断故障范围。 （4）若系备自投装置误动，根据调度指令退出异常装置，并联系专业班组现场处理

信息名称	告警分级	缺陷分类	信息原因	风险分析及预控措施
××备自投装置故障	异常	危急	备自投装置自检、巡检发生严重错误，装置闭锁所有备投逻辑。 原因分析：① 装置内部元件故障；② 保护程序、定值出错等，自检、巡检异常；③ 装置直流电源消失	风险分析：备自投装置故障，会闭锁所有备投逻辑，当工作电源失电后将造成母线失压，严重时甚至造成全站失压，影响电网安全稳定运行。 预控措施： （1）监控值班员应立即汇报调度人员，通知运维单位，加强运行监控，及时掌握设备运行情况。 （2）调度人员应做好事故预想，合理安排站内设备运行方式，下达调度指令。 （3）运维人员应仔细检查备自投装置各信号指示灯，记录液晶面板显示内容，并结合其他装置进行综合判断。 （4）根据检查结果汇报调度，停运相应的保护装置或一次设备。 （5）不能自行处理时申请专业班组到站检查处置
××备自投装置异常	异常	危急	备自投装置自检、巡检发生错误，部分备投逻辑受影响。 原因分析：① TA、TV 断线；② 备自投装置有闭锁备自投信号开入；③ 断路器跳闸位置异常	风险分析：备自投装置异常，影响部分备投逻辑，当工作电源失电后将造成母线失压，严重时甚至造成全站失压，影响电网安全稳定运行。 预控措施： （1）监控值班员应立即汇报调度人员，通知运维单位，加强运行监控，及时掌握设备运行情况。 （2）调度人员应做好事故预想，合理安排站内设备运行方式，下达调度指令。 （3）运维人员应仔细检查备自投装置各信号指示灯，记录液晶面板显示内容，并结合其他装置进行综合判断。 （4）检查备自投装置、TV、TA 的二次回路有无明显异常。 （5）根据检查结果汇报调度，停运相应的保护装置或一次设备。 （6）不能自行处理时申请专业班组到站检查处置

信息名称	告警分级	缺陷分类	信息原因	风险分析及预控措施
××备自投装置通信中断	异常	严重	备自投装置与站控层网络通信中断。 原因分析：① 内部通信参数设置错误；② 通信插件故障；③ 通信连接松动；④ 通信协议转换器故障；⑤ 站控层交换机故障	风险分析：备自投与站控层网络通信中断后，相应装置告警及动作信息无法上传监控后台及调控中心，使得备自投失去监视，影响事故处理进度。 预控措施： （1）监控值班员应通知运维人员现场检查备自投及通信回路运行情况，并加强监视。 （2）运维人员应通知专业班组检查备自投装置及其与站控层交换机的连接情况
××备自投装置SV总告警	异常	危急	智能变电站备自投采用 SV 报文传递母线电压、间隔电流以及采样延时等重要信息，一旦监测到 SV 报文链路中断或采样数据异常，保护装置便会触发 SV 总告警信号。 原因分析：① 合并单元采集模块、电源模块、CPU 等内部元件损坏；② 合并单元电源失电；③ 合并单元发光模块异常；④ 合并单元采样数据异常；⑤ 保护装置至合并单元链路中断	风险分析：备自投 SV 总告警影响备投逻辑，导致备自投功能闭锁，当工作电源失电后将造成母线失压，严重时甚至造成全站失压，影响电网安全稳定运行。 预控措施： （1）发出"××备自投装置 SV 总告警"信号后，监控值班员应汇报调度，并通知运维单位现场处置。 （2）调度人员应做好事故预想，根据现场检查结果确定是否拟定下达调度指令。 （3）运维人员应现场检查备自投及合并单元信号灯是否正常，检修压板投退是否正确，光纤插口是否松动、连接光口是否损坏。 （4）运维人员根据检查结果汇报调度，必要时停运相应备自投功能。 （5）不能自行处理时申请专业班组到站检查处置，检查备自投及合并单元配置文件是否正确、光纤衰耗是否异常等，及时更换备用纤或光口

续表

信息名称	告警分级	缺陷分类	信息原因	风险分析及预控措施
××备自投装置GOOSE总告警	异常	危急	智能变电站备自投采用 GOOSE 报文传递开关位置开入、联闭锁信号（如闭锁备自投开入等）等重要信息，一旦监测到 GOOSE 报文链路中断或采样数据异常，保护装置便会触发GOOSE 总告警信号。 　　原因分析：① 智能终端或其他保护异常或闭锁；② 智能终端或其他保护电源失电；③ 智能终端或其他保护发光模块异常；④ 智能终端或其他保护发送数据异常；⑤ 备自投装置至智能终端或过程层交换机光纤折断	风险分析：备自投接收不到智能终端开关位置，导致备自投不能充电；备自投接收不到其他保护闭锁备自投开入，导致备自投误动作，使得备用电源误合闸或合闸于故障，影响电网安全稳定运行。 　　预控措施： 　　（1）发出"××备自投装置 GOOSE 总告警"信号后，监控值班员应汇报调度，并通知运维单位现场处置。 　　（2）调度人员应做好事故预想，根据现场检查结果确定是否拟定下达调度指令。 　　（3）运维人员应现场检查备自投和有关联的智能终端或其他保护装置信号灯是否正常，检修压板投退是否正确，光纤插口是否松动、连接光口是否损坏。 　　（4）运维人员根据检查结果汇报调度，必要时停运相应备自投装置。 　　（5）不能自行处理时申请专业班组到站检查处置
××备自投装置对时异常	异常	严重	备自投不能准确地实现时钟同步功能。 　　原因分析：① GPS 天线异常；② GPS 时钟同步装置异常；③ GPS 时钟扩展装置异常；④ GPS 与备自投之间链路异常；⑤ 备自投对时模块、守时模块异常	风险分析：备自投装置处理数据采用插值同步算法，不依赖于外部对时信号，对备自投功能不会造成影响。由于装置时钟不同步，导致装置报文时标错误，不利于故障时序分析及回溯。 　　预控措施： 　　（1）监控值班员发现异常信号，应通知运维人员现场检查。当站内出现多个装置同时发对时异常信号时，则可判断为对时装置出现异常。 　　（2）运维人员现场检查备自投及时间同步装置运行情况，核查设备与后台的时间是否一致。 　　（3）若同步对时装置正常，更换同步对时输出端口，若告警消失，则判断同步对时装置的输出口损坏，更换输出模板或端口。 　　（4）不能自行处理时申请专业班组到站检查处置

信息名称	告警分级	缺陷分类	信息原因	风险分析及预控措施
××备自投装置检修不一致	异常	危急	备自投装置对合并单元、智能终端等设备上送报文的检修标志进行实时检测，并与装置自身的检修状态进行比较。如二者一致，将接收的数据应用于保护逻辑，保护正确动作；当二者不一致时，根据不同报文，选择性地闭锁相关元件。 原因分析：① 现场运维人员误操作；② 检修压板开入异常	风险分析：因检修状态不一致，相应采样、开入信号不能加入备自投程序，导致备自投逻辑闭锁，影响电网安全稳定运行。 预控措施： （1）监控值班员收到信号后应汇报调度，并通知运维人员，加强运行监控。 （2）运维人员应现场检查装置 GOOSE 检修信号灯是否正常，是否能够正常复归，若不能复归，逐级检查检修压板是否一致。 （3）不能自行处理时申请专业班组到站检查处置，检查装置 GOOSE 接收控制模块是否出错，必要时申请停用该套装置更换相关硬件。 （4）更换硬件后应进行相应的装置试验，保证更换前后保护功能的正确性
××备自投装置检修压板投入	异常	危急	同"××备自投装置检修不一致"	同"××备自投装置检修不一致"

7.2 低频减载装置监控信息

信息名称	告警分级	缺陷分类	信息原因	风险分析及预控措施
××低频减载装置出口	事故	危急	当电力系统出现功率缺额时，就会出现系统频率下降，功率缺额越大，频率降低越多，极大地影响供电质量，造成电网设备出力下降，造成大面积停电。低频减载装置实时监测电网频率，当频率下降幅度超过定值时，自动切除部分负荷，阻止频率的下降，达到有功功率平衡。 原因分析：① 电网系统存在较大有功缺额，导致频率下降；② 装置或二次回路故障造成低频减载装置误动	风险分析：低频减载装置出口，切除部分负荷。 预控措施： （1）监控值班员核实断路器跳闸情况，联系调度进行事故处理，通知运维人员，做好相关操作的准备。 （2）监控值班员应核对电网运行方式及潮流变化情况，加强有关设备运行监视。 （3）运维人员应检查断路器位置状态及相关二次回路，收集站内低频减载装置动作信息，结合故障录波器动作情况，初步分析跳闸原因。 （4）若系低频减载装置误动，根据调度指令退出异常装置，并联系专业班组现场处理
××低频减载装置故障	异常	危急	低频减载装置自检、巡检发生严重错误，装置闭锁所有低频减载逻辑。 原因分析：① 装置内部元件故障；② 保护程序、定值出错等，自检、巡检异常；③ 装置直流电源消失	风险分析：低频减载装置故障，会闭锁低频减载逻辑，当系统频率下降时，不能自动切除负荷，造成电网频率进一步恶化，严重时会造成电网瓦解。 预控措施： （1）监控值班员应立即汇报调度人员，通知运维单位，加强运行监控，及时掌握设备运行情况。 （2）调度人员应做好事故预想，合理安排站内设备运行方式，下达调度指令。 （3）运维人员应仔细检查低频减载装置各信号指示灯，记录液晶面板显示内容，并结合其他装置进行综合判断。 （4）根据检查结果汇报调度，停运相应的低频减载装置。 （5）不能自行处理时申请专业班组到站检查处置

信息名称	告警分级	缺陷分类	信息原因	风险分析及预控措施
××低频减载装置异常	异常	危急	低频减载装置自检、巡检发生错误，部分低频减载逻辑受影响。 原因分析：① TA、TV 断线；② 频率异常	风险分析：低频减载装置异常，影响部分低频减载逻辑，当系统频率下降时，不能自动切除负荷，造成电网频率进一步恶化，严重时会造成电网瓦解。 预控措施： （1）监控值班员应立即汇报调度人员，通知运维单位，加强运行监控，及时掌握设备运行情况。 （2）调度人员应做好事故预想，合理安排站内设备运行方式，下达调度指令。 （3）运维人员应仔细检查低频减载装置各信号指示灯，记录液晶面板显示内容，并结合其他装置进行综合判断。 （4）检查低频减载装置、TV、TA 的二次回路有无明显异常。 （5）根据检查结果汇报调度，停运相应的低频减载装置。 （6）不能自行处理时申请专业班组到站检查处置
××低频减载装置通信中断	异常	危急	低频减载装置与站控层网络通信中断。 原因分析：① 内部通信参数设置错误；② 通信插件故障；③ 通信连接松动；④ 通信协议转换器故障；⑤ 站控层交换机故障	风险分析：低频减载装置与站控层网络通信中断后，相应装置告警及动作信息无法上传监控后台及调控中心，使得低频减载装置失去监视，影响事故处理进度。 预控措施： （1）监控值班员应通知运维人员现场检查低频减载装置及通信回路运行情况，并加强监视。 （2）运维人员应通知专业班组检查低频减载装置及其与站控层交换机的连接情况

续表

信息名称	告警分级	缺陷分类	信息原因	风险分析及预控措施
××低频减载装置 SV 总告警	异常	危急	智能变电站低频减载装置采用 SV 报文传递母线电压、间隔电流以及采样延时等重要信息，一旦监测到 SV 报文链路中断或采样数据异常，保护装置便会触发 SV 总告警信号。 原因分析：① 合并单元采集模块、电源模块、CPU 等内部元件损坏；② 合并单元电源失电；③ 合并单元发光模块异常；④ 合并单元采样数据异常；⑤ 保护装置至合并单元链路中断	风险分析：低频减载装置 SV 总告警影响联切逻辑，导致低频减载功能闭锁，当系统频率下降时，不能自动切除负荷，造成电网频率进一步恶化，严重时会造成电网瓦解。 预控措施： （1）发出"××低频减载装置 SV 总告警"信号后，监控值班员应汇报调度，并通知运维单位现场处置。 （2）调度人员应做好事故预想，根据现场检查结果确定是否拟定下达调度指令。 （3）运维人员应现场检查低频减载及合并单元信号灯是否正常，检修压板投退是否正确，光纤插口是否松动、连接光口是否损坏。 （4）运维人员根据检查结果汇报调度，必要时停运相应低频减载功能。 （5）不能自行处理时申请专业班组到站检查处置，检查低频减载装置及合并单元配置文件是否正确、光纤衰耗是否异常等，及时更换备用纤或光口
××低频减载装置 GOOSE 总告警	异常	危急	智能变电站低频减载采用 GOOSE 报文传递开关位置开入等重要信息，一旦监测到 GOOSE 报文链路中断或采样数据异常，低频减载装置便会触发 GOOSE 总告警信号。 原因分析：① 智能终端异常或闭锁；② 智能终端电源失电；③ 智能终端发光模块异常；④ 智能终端发送数据异常；⑤ 低频减载装置至智能终端光纤折断	风险分析：低频减载接收不到智能终端开关位置，导致低频减载功能闭锁，当系统频率下降时，不能自动切除负荷，造成电网频率进一步恶化，严重时会造成电网瓦解。 预控措施： （1）发出"××低频减载装置 GOOSE 总告警"信号后，监控值班员应汇报调度，并通知运维单位现场处置。 （2）调度人员应做好事故预想，根据现场检查结果确定是否拟定下达调度指令。 （3）运维人员应现场检查低频减载和有关联的智能终端信号灯是否正常，检修压板投退是否正确，光纤插口是否松动、连接光口是否损坏。 （4）运维人员根据检查结果汇报调度，必要时停运低频减载装置。 （5）不能自行处理时申请专业班组到站检查处置，检查低频减载和有关联的智能终端配置文件是否正确、光纤衰耗是否异常等，及时更换备用纤或光口

信息名称	告警分级	缺陷分类	信息原因	风险分析及预控措施
××低频减载装置对时异常	异常	严重	低频减载装置不能准确地实现时钟同步功能。 原因分析：① GPS 天线异常；② GPS 时钟同步装置异常；③ GPS 时钟扩展装置异常；④ GPS 与低频减载装置之间链路异常；⑤ 低频减载装置对时模块、守时模块异常	风险分析：低频减载装置处理数据采用插值同步算法，不依赖于外部对时信号，对功能不会造成影响。由于装置时钟不同步，导致装置报文时标错误，不利于故障时序分析及回溯。 预控措施： （1）监控值班员发现异常信号，应通知运维人员现场检查。当站内出现多个装置同时发对时异常信号时，则可判断为对时装置出现异常。 （2）运维人员现场检查低频减载装置及时间同步装置运行情况，核查设备与后台的时间是否一致。 （3）若同步对时装置正常，更换同步对时输出端口，若告警消失，则判断同步对时装置的输出口损坏，更换输出模板或端口。 （4）若采用光 B 码对时，则利用备用光纤、尾纤替换现用光纤尾纤，若告警消失，则判断由于对时光纤损坏或由于光纤衰耗过大影响同步信号传输，更换光纤或纤芯。 （5）若采用电 B 码对时，则检查装置插件是否插件，端子排连接是否紧固。 （6）不能自行处理时申请专业班组到站检查处置，利用仪器在接受端测量对时信号
××低频减载装置检修不一致	异常	危急	低频减载装置对合并单元、智能终端等设备上送报文的检修标志进行实时检测，并与装置自身的检修状态进行比较。如二者一致，将接收的数据应用于保护逻辑，保护正确动作；当二者不一致时，根据不同报文，选择性地闭锁相关元件。 原因分析：① 现场运维人员误操作；② 检修压板开入异常	风险分析：因检修状态不一致，相应采样、开入信号不能加入低频减载程序，导致低频减载装置闭锁，影响电网安全稳定运行。 预控措施： （1）监控值班员收到信号后应汇报调度，并通知运维人员，加强运行监控。 （2）运维人员应现场检查装置 GOOSE 检修信号灯是否正常，是否能够正常复归，若不能复归，逐级检查检修压板是否一致。 （3）不能自行处理时申请专业班组到站检查处置，检查装置 GOOSE 接收控制模块是否出错，必要时申请停用该套装置更换相关硬件。 （4）更换硬件后应进行相应的装置试验，保证更换前后保护功能的正确性

信息名称	告警分级	缺陷分类	信息原因	风险分析及预控措施
××低频减载装置检修压板投入	异常	危急	同"××低频减载装置检修不一致"	同"××低频减载装置检修不一致"

7.3　过负荷联切装置监控信息

信息名称	告警分级	缺陷分类	信息原因	风险分析及预控措施
××过负荷联切出口	事故	危急	当电网内某些线路或主变压器跳闸引起剩余线路或主变压器过负荷时，过负荷联切装置可根据送电潮流的方向和过流值，按照预设逻辑，多轮切除相应数量的负荷，消除设备的过负荷现象。 原因分析：① 线路跳闸导致潮流变化，使得其他线路过负荷；② 变电站内一台主变压器跳闸，引起另一台主变压器过载；③ 过负荷联切装置误动作	风险分析：过负荷联切装置出口跳闸，切除一定的负荷，造成停电事件。 预控措施： （1）监控值班员核实断路器跳闸情况，联系调度进行事故处理，通知运维人员，做好相关操作的准备。 （2）监控值班员应核对电网运行方式及潮流变化情况，加强有关设备运行监视。 （3）运维人员应检查断路器位置状态及相关二次回路，收集站内过负荷联切装置动作信息，初步分析跳闸原因。 （4）若系过负荷联切装置误动，根据调度指令退出异常装置，并联系专业班组现场处理

信息名称	告警分级	缺陷分类	信息原因	风险分析及预控措施
××过负荷联切装置故障	异常	危急	过负荷联切装置自检、巡检发生严重错误，装置闭锁所有过负荷联切逻辑。 原因分析：① 装置内部元件故障；② 程序、定值出错等，自检、巡检异常；③ 装置直流电源消失	风险分析：过负荷联切装置故障，会闭锁联切逻辑，当监视线路或主变压器过负荷时，不能按设定轮次切除负荷，造成设备运行状况恶化，严重时会造成设备损坏。 预控措施： （1）监控值班员应立即汇报调度人员，通知运维单位，加强运行监控，及时掌握设备运行情况。 （2）调度人员应做好事故预想，合理安排站内设备运行方式，下达调度指令。 （3）运维人员应仔细检查过负荷联切装置各信号指示灯，记录液晶面板显示内容，并结合其他装置进行综合判断。 （4）根据检查结果汇报调度，停运相应的过负荷联切。 （5）不能自行处理时申请专业班组到站检查处置
××过负荷联切装置异常	异常	危急	过负荷联切装置自检、巡检发生错误，部分过负荷联切逻辑受影响。 原因分析：① TA 断线；② TV 断线	风险分析：过负荷联切装置异常，影响功率计算准确性，当系统过负荷时，不能按设定轮次切除负荷，造成设备运行状况恶化，严重时会造成设备损坏。 预控措施： （1）监控值班员应立即汇报调度人员，通知运维单位，加强运行监控，及时掌握设备运行情况。 （2）调度人员应做好事故预想，合理安排站内设备运行方式，下达调度指令。 （3）运维人员应仔细检查过负荷联切装置各信号指示灯，记录液晶面板显示内容，并结合其他装置进行综合判断。 （4）检查过负荷联切装置、TV、TA 的二次回路有无明显异常

续表

信息名称	告警分级	缺陷分类	信息原因	风险分析及预控措施
××过负荷联切装置通信中断	异常	严重	过负荷联切装置与站控层网络通信中断。 原因分析：① 内部通信参数设置错误；② 通信插件故障；③ 通信连接松动；④ 通信协议转换器故障；⑤ 站控层交换机故障	风险分析：过负荷联切装置与站控层网络通信中断后，相应装置告警及动作信息无法上传监控后台及调控中心，使得过负荷联切装置失去监视，影响事故处理进度。 预控措施： （1）监控值班员应通知运维人员现场检查过负荷联切装置及通信回路运行情况，并加强监视。 （2）运维人员应通知专业班组检查过负荷联切装置及其与站控层交换机的连接情况
××过负荷联切装置 SV 总告警	异常	严重	智能变电站过负荷联切装置采用 SV 报文传递母线电压、间隔电流以及采样延时等重要信息，一旦监测到 SV 报文链路中断或采样数据异常，装置便会触发 SV 总告警信号。 原因分析：① 合并单元采集模块、电源模块、CPU 等内部元件损坏；② 合并单元电源失电；③ 合并单元发光模块异常；④ 合并单元采样数据异常；⑤ 装置至合并单元链路中断	风险分析：过负荷联切装置 SV 总告警影响功率计算准确性，当系统过负荷时，不能按设定轮次切除负荷，造成设备运行状况恶化，严重时会造成设备损坏。 预控措施： （1）发出"××过负荷联切装置 SV 总告警"信号后，监控值班员应汇报调度，并通知运维单位现场处置。 （2）调度人员应做好事故预想，根据现场检查结果确定是否拟定下达调度指令。 （3）运维人员应现场检查过负荷联切及合并单元信号灯是否正常，检修压板投退是否正确，光纤插口是否松动、连接光口是否损坏。 （4）运维人员根据检查结果汇报调度，必要时停运相应过负荷联切功能。 （5）不能自行处理时申请专业班组到站检查处置，检查过负荷联切装置及合并单元配置文件是否正确、光纤衰耗是否异常等，及时更换备用纤或光口

信息名称	告警分级	缺陷分类	信息原因	风险分析及预控措施
××过负荷联切装置GOOSE总告警	异常	危急	智能变电站过负荷联切采用 GOOSE 报文传递开关位置开入等重要信息，一旦监测到GOOSE报文链路中断或采样数据异常，过负荷联切装置便会触发GOOSE总告警信号。 原因分析：① 智能终端异常或闭锁；② 智能终端电源失电；③ 智能终端发光模块异常；④ 智能终端发送数据异常；⑤ 过负荷联切装置至智能终端光纤折断	风险分析：过负荷联切装置接收不到智能终端开关位置，联切逻辑受到影响，不能按设定轮次切除负荷，造成设备运行状况恶化，严重时会造成设备损坏。 预控措施： （1）发出"××过负荷联切装置 GOOSE 总告警"信号后，监控值班员应汇报调度，并通知运维单位现场处置。 （2）调度人员应做好事故预想，根据现场检查结果确定是否拟定下达调度指令。 （3）运维人员应现场检查过负荷联切和有关联的智能终端信号灯是否正常，检修压板投退是否正确，光纤插口是否松动、连接光口是否损坏。 （4）运维人员根据检查结果汇报调度，必要时停运过负荷联切装置。 （5）不能自行处理时申请专业班组到站检查处置，检查过负荷联切和有关联的智能终端配置文件是否正确、光纤衰耗是否异常等，及时更换备用纤或光口
××过负荷联切装置对时异常	异常	严重	过负荷联切装置不能准确地实现时钟同步功能。 原因分析：① GPS 天线异常；② GPS时钟同步装置异常；③ GPS 时钟扩展装置异常；④ GPS 与过负荷联切装置之间链路异常；⑤ 过负荷联切装置对时模块、守时模块异常	风险分析：过负荷联切装置处理数据采用插值同步算法，不依赖于外部对时信号，对功能不会造成影响。由于装置时钟不同步，导致装置报文时标错误，不利于故障时序分析及回溯。 预控措施： （1）监控值班员发现异常信号，应通知运维人员现场检查。当站内出现多个装置同时发对时异常信号时，则可判断为对时装置出现异常。 （2）运维人员现场检查过负荷联切装置及时间同步装置运行情况，核查设备与后台的时间是否一致。 （3）若同步对时装置正常，更换同步对时输出端口，若告警消失，则判断同步对时装置的输出口损坏，更换输出模板或端口。

信息名称	告警分级	缺陷分类	信息原因	风险分析及预控措施
××过负荷联切装置对时异常	异常	严重	过负荷联切装置不能准确地实现时钟同步功能。 原因分析：① GPS 天线异常；② GPS 时钟同步装置异常；③ GPS 时钟扩展装置异常；④ GPS 与过负荷联切装置之间链路异常；⑤ 过负荷联切装置对时模块、守时模块异常	（4）若采用光 B 码对时，则利用备用光纤、尾纤替换现用光纤尾纤，若告警消失，则判断由于对时光纤损坏或由于光纤衰耗过大影响同步信号传输，更换光纤或纤芯。 （5）若采用电 B 码对时，则检查装置插件是否插件，端子排连接是否紧固。 （6）不能自行处理时申请专业班组到站检查处置，利用仪器在接受端测量对时信号
××过负荷联切装置检修不一致	异常	危急	过负荷联切装置对合并单元、智能终端等设备上送报文的检修标志进行实时检测，并与装置自身的检修状态进行比较。如二者一致，将接收的数据应用于保护逻辑，保护正确动作；当二者不一致时，根据不同报文，选择性地闭锁相关元件。 原因分析：① 现场运维人员误操作；② 检修压板开入异常	风险分析：因检修状态不一致，相应采样、开入信号不能加入过负荷联切程序，导致过负荷联切装置闭锁，影响电网安全稳定运行。 预控措施： （1）监控值班员收到信号后应汇报调度，并通知运维人员，加强运行监控。 （2）运维人员应现场检查装置 GOOSE 检修信号灯是否正常，是否能够正常复归，若不能复归，逐级检查检修压板是否一致。 （3）不能自行处理时申请专业班组到站检查处置，检查装置 GOOSE 接收控制模块是否出错，必要时申请停用该套装置更换相关硬件。 （4）更换硬件后应进行相应的装置试验，保证更换前后保护功能的正确性
××过负荷联切装置检修压板投入	异常	危急	同"××过负荷联切装置检修不一致"	同"××过负荷联切装置检修不一致"

7.4 故障解列装置监控信息

信息名称	告警分级	缺陷分类	信息原因	风险分析及预控措施
××故障解列出口	事故	危急	当系统并网联络线发生故障跳闸后，小电源侧维持的孤岛系统由于有功、无功功率缺额将造成频率和电压的变化，不仅会影响并网侧重合闸和备自投动作成功率，严重时甚至会损坏一次设备。 故障解列装置监测到频率、母线电压、零序电压变化后，将通过预设逻辑，切除小电源线路，保证主网安全运行。故障解列包括零序过压解列、低（高）压解列、低（高）周解列。 原因分析：① 小电源并网联络线故障；② 故障解列装置误动	风险分析：故障解列装置出口，切除部分负荷。 预控措施： （1）监控值班员核实断路器跳闸情况，联系调度进行事故处理，通知运维人员，做好相关操作的准备。 （2）监控值班员应核对电网运行方式及潮流变化情况，加强有关设备运行监视。 （3）运维人员应检查断路器位置状态及相关二次回路，收集站内故障解列装置动作信息，结合故障录波器动作情况，初步分析跳闸原因。 （4）若系故障解列装置误动，根据调度指令退出异常装置，并联系专业班组现场处理
××故障解列装置故障	异常	危急	故障解列装置自检、巡检发生严重错误，装置闭锁所有故障解列逻辑。 原因分析：① 装置内部元件故障；② 保护程序、定值出错等，自检、巡检异常；③ 装置直流电源消失	风险分析：故障解列装置故障，会闭锁故障解列逻辑，当系统因并网线路跳闸后造成频率、电压变化时，不能自动切除小电源，造成重合闸或备自投失败，严重时甚至会损坏一次设备。 预控措施： （1）监控值班员应立即汇报调度人员，通知运维单位，加强运行监控，及时掌握设备运行情况。 （2）调度人员应做好事故预想，合理安排站内设备运行方式，下达调度指令。 （3）运维人员应仔细检查故障解列装置各信号指示灯，记录液晶面板显示内容，并结合其他装置进行综合判断。 （4）根据检查结果汇报调度，停运相应的故障解列装置。 （5）不能自行处理时申请专业班组到站检查处置

续表

信息名称	告警分级	缺陷分类	信息原因	风险分析及预控措施
××故障解列装置异常	异常	危急	故障解列装置自检、巡检发生错误，部分故障解列逻辑受影响。 原因分析：① TV 断线；② 频率异常	风险分析：故障解列装置异常，影响部分故障解列逻辑，当系统因并网线路跳闸后造成频率、电压变化时，不能自动切除小电源，造成重合闸或备自投失败，严重时甚至会损坏一次设备。 预控措施： （1）监控值班员应立即汇报调度人员，通知运维单位，加强运行监控，及时掌握设备运行情况。 （2）调度人员应做好事故预想，合理安排站内设备运行方式，下达调度指令。 （3）运维人员应仔细检查故障解列装置各信号指示灯，记录液晶面板显示内容，并结合其他装置进行综合判断。 （4）检查故障解列装置、TV、TA 的二次回路有无明显异常。 （5）根据检查结果汇报调度，停运相应的故障解列装置。 （6）不能自行处理时申请专业班组到站检查处置
××故障解列装置通信中断	异常	严重	故障解列装置与站控层网络通信中断。 原因分析：① 内部通信参数设置错误；② 通信插件故障；③ 通信连接松动；④ 通信协议转换器故障；⑤ 站控层交换机故障	风险分析：故障解列装置与站控层网络通信中断后，相应装置告警及动作信息无法上传监控后台及调控中心，使得故障解列装置失去监视，影响事故处理进度。 预控措施： （1）监控值班员应通知运维人员现场检查故障解列装置及通信回路运行情况，并加强监视。 （2）运维人员应通知专业班组检查故障解列装置及其与站控层交换机的连接情况
××故障解列装置SV 总告警	异常	危急	智能变电站故障解列装置采用 SV 报文传递母线电压、采样延时等重要信息，一旦监测到 SV 报文链路中断或采样数据异常，保护装置便会触发 SV 总告警信号。	风险分析：故障解列装置 SV 总告警影响备投逻辑，导致故障解列功能闭锁，当系统因并网线路跳闸后造成频率、电压变化时，不能自动切除小电源，造成重合闸或备自投失败，严重时甚至会损坏一次设备。

续表

信息名称	告警分级	缺陷分类	信息原因	风险分析及预控措施
××故障解列装置 SV 总告警	异常	危急	原因分析：① 合并单元采集模块、电源模块、CPU 等内部元件损坏；② 合并单元电源失电；③ 合并单元发光模块异常；④ 合并单元采样数据异常；⑤ 装置至合并单元链路中断	预控措施： （1）发出"××故障解列装置 SV 总告警"信号后，监控值班员应汇报调度，并通知运维单位现场处置。 （2）调度人员应做好事故预想，根据现场检查结果确定是否拟定下达调度指令。 （3）运维人员应现场检查故障解列及合并单元信号灯是否正常，检修压板投退是否正确，光纤插口是否松动、连接光口是否损坏。 （4）运维人员根据检查结果汇报调度，必要时停运相应故障解列功能。 （5）不能自行处理时申请专业班组到站检查处置，检查故障解列装置及合并单元配置文件是否正确、光纤衰耗是否异常等，及时更换备用纤或光口
××故障解列装置 GOOSE 总告警	异常	危急	智能变电站故障解列采用 GOOSE 报文传递开关位置开入等重要信息，一旦监测到 GOOSE 报文链路中断或采样数据异常，故障解列装置便会触发 GOOSE 总告警信号。 原因分析：① 智能终端异常或闭锁；② 智能终端电源失电；③ 智能终端发光模块异常；④ 智能终端发送数据异常；⑤ 故障解列装置至智能终端光纤折断	风险分析：故障解列接收不到智能终端开关位置，影响故障解列逻辑。 预控措施： （1）发出"××故障解列装置 GOOSE 总告警"信号后，监控值班员应汇报调度，并通知运维单位现场处置。 （2）调度人员应做好事故预想，根据现场检查结果确定是否拟定下达调度指令。 （3）运维人员应现场检查故障解列和有关联的智能终端信号灯是否正常，检修压板投退是否正确，光纤插口是否松动、连接光口是否损坏。 （4）运维人员根据检查结果汇报调度，必要时停运故障解列装置。 （5）不能自行处理时申请专业班组到站检查处置，检查故障解列和有关联的智能终端配置文件是否正确、光纤衰耗是否异常等，及时更换备用纤或光口

信息名称	告警分级	缺陷分类	信息原因	风险分析及预控措施
××故障解列装置对时异常	异常	严重	故障解列装置不能准确地实现时钟同步功能。 原因分析：① GPS 天线异常；② GPS 时钟同步装置异常；③ GPS 时钟扩展装置异常；④ GPS 与故障解列装置之间链路异常；⑤ 故障解列装置对时模块、守时模块异常	风险分析：故障解列装置处理数据采用插值同步算法，不依赖于外部对时信号，对功能不会造成影响。由于装置时钟不同步，导致装置报文时标错误，不利于故障时序分析及回溯。 预控措施： （1）监控值班员发现异常信号，应通知运维人员现场检查。当站内出现多个装置同时发对时异常信号时，则可判断为对时装置出现异常。 （2）运维人员现场检查故障解列装置及时间同步装置运行情况，核查设备与后台的时间是否一致。 （3）若同步对时装置正常，更换同步对时输出端口，若告警消失，则判断同步对时装置的输出口损坏，更换输出模板或端口。 （4）若采用光 B 码对时，则利用备用光纤、尾纤替换现用光纤尾纤，若告警消失，则判断由于对时光纤损坏或由于光纤衰耗过大影响同步信号传输，更换光纤或纤芯。 （5）若采用电 B 码对时，则检查装置插件是否插件，端子排连接是否紧固。 （6）不能自行处理时申请专业班组到站检查处置，利用仪器在接受端测量对时信号
××故障解列装置检修不一致	异常	危急	故障解列装置对合并单元、智能终端等设备上送报文的检修标志进行实时检测，并与装置自身的检修状态进行比较。如二者一致，将接收的数据应用于保护逻辑，保护正确动作；当二者不一致时，根据不同报文，选择性地闭锁相关元件。	风险分析：因检修状态不一致，相应采样、开入信号不能加入故障解列程序，导致故障解列功能闭锁，影响电网安全稳定运行。 预控措施： （1）监控值班员收到信号后应汇报调度，并通知运维人员，加强运行监控。 （2）运维人员应现场检查装置 GOOSE 检修信号灯是否正常，是否能够正常复归，若不能复归，逐级检查检修压板是否一致。

信息名称	告警分级	缺陷分类	信息原因	风险分析及预控措施
××故障解列装置检修不一致	异常	危急	原因分析：① 现场运维人员误操作；② 检修压板开入异常	（3）不能自行处理时申请专业班组到站检查处置，检查装置GOOSE 接收控制模块是否出错，必要时申请停用该套装置更换相关硬件。 （4）更换硬件后应进行相应的装置试验，保证更换前后保护功能的正确性
××故障解列装置检修压板投入	异常	危急	同"××故障解列装置检修不一致"	同"××故障解列装置检修不一致"

7.5 稳控装置监控信息

信息名称	告警分级	缺陷分类	信息原因	风险分析及预控措施
××稳控装置出口	事故	危急	稳控装置主要用于区域电网及大区互联电网的安全稳定控制，适合多个厂站间的暂态稳定控制系统，也可用于单个厂站的安全稳定控制。稳控监测相关站点出线、主变压器的运行状况，一旦判断系统发生故障，查找并执行存放在装置内预先设定的控制逻辑，实现切机、切负荷，保证大电网安全稳定运行。 稳控装置出口原因分析：① 系统稳定破坏；② 重要联络线故障引起功率缺额；③ 机组失磁等引起系统失步，系统电压下降等	风险分析：稳控装置出口，切除大量负荷，严重时会引起大面积停电。 预控措施： （1）监控值班员核实断路器跳闸情况，联系调度进行事故处理，通知运维人员，做好相关操作的准备。 （2）监控值班员应根据稳控动作情况，安排电网运行方式，下达调度指令。 （3）运维人员应现场检查稳控和保护动作情况，根据变电站保护动作情况检查一二次设备情况，并向调度汇报。 （4）若系稳控装置误动，根据调度指令退出异常装置，并联系专业班组现场处理

续表

信息名称	告警分级	缺陷分类	信息原因	风险分析及预控措施
××稳控装置故障	异常	危急	稳控装置自检、巡检发生严重错误，装置闭锁所有功能。 原因分析：① 保护装置内存出错、定值区出错等硬件本身故障；② 装置直流失电	风险分析：稳控装置故障，会闭锁稳控逻辑。当电网发生严重故障时，不能执行切机、切负荷策略，造成大电网解列。 预控措施： （1）监控值班员应立即汇报调度人员，通知运维单位，加强运行监控，及时掌握设备运行情况。 （2）调度人员应做好事故预想，合理安排站内设备运行方式，下达调度指令。 （3）运维人员应仔细检查稳控装置各信号指示灯，记录液晶面板显示内容，并结合其他装置进行综合判断。 （4）根据检查结果汇报调度，停运相应的稳控装置。 （5）不能自行处理时申请专业班组到站检查处置
××稳控装置异常	异常	危急	稳控装置自检、巡检发生错误，部分稳控逻辑受影响。 原因分析：① TV、TA 断线；② 装置开入异常；③ 装置本身异常	风险分析：稳控装置异常，影响部分稳控逻辑。当电网发生严重故障时，不能执行切机、切负荷策略，造成大电网解列。 预控措施： （1）监控值班员应立即汇报调度人员，通知运维单位，加强运行监控，及时掌握设备运行情况。 （2）调度人员应做好事故预想，合理安排站内设备运行方式，下达调度指令。 （3）运维人员应仔细检查稳控装置各信号指示灯，记录液晶面板显示内容，并结合其他装置进行综合判断。 （4）检查稳控装置、TV、TA 的二次回路有无明显异常。 （5）根据检查结果汇报调度，停运相应的稳控装置。 （6）不能自行处理时申请专业班组到站检查处置

信息名称	告警分级	缺陷分类	信息原因	风险分析及预控措施
××稳控装置通道异常	异常	危急	与其他站点稳控装置间通道异常。 原因分析：① 装置通信参数设置错误；② 通道衰耗大；③ 通道误码率高；④ 通道连接松动；⑤ 通信光纤折断	风险分析：稳控装置通道异常，无法与其他站点进行信息交换，影响部分稳控逻辑。当电网发生严重故障时，不能执行切机、切负荷策略，造成大电网解列。 预控措施： （1）监控值班员应立即汇报调度人员，通知运维单位，加强运行监控，及时掌握设备运行情况。 （2）调度人员应做好事故预想，合理安排站内设备运行方式，下达调度指令。 （3）运维人员应仔细检查稳控装置各信号指示灯，记录液晶面板显示内容，并结合其他装置进行综合判断。 （4）检查稳控装置、TV、TA 的二次回路有无明显异常。 （5）根据检查结果汇报调度，停运相应的稳控装置。 （6）不能自行处理时申请专业班组到站检查处置
××稳控装置通信中断	异常	严重	稳控装置与站控层网络通信中断。 原因分析：① 内部通信参数设置错误；② 通信插件故障；③ 通信连接松动；④ 通信协议转换器故障；⑤ 站控层交换机故障	风险分析：稳控装置与站控层网络通信中断后，相应装置告警及动作信息无法上传监控后台及调控中心，使得稳控装置失去监视，影响事故处理进度。 预控措施： （1）监控值班员应通知运维人员现场检查稳控装置及通信回路运行情况，并加强监视。 （2）运维人员应通知专业班组检查稳控装置及其与站控层交换机的连接情况
××稳控装置SV总告警	异常	危急	智能变电站稳控装置采用 SV 报文传递母线电压、采样延时等重要信息，一旦监测到 SV 报文链路中断或采样数据异常，保护装置便会触发 SV 总告警信号。	风险分析：稳控装置 SV 总告警影响稳控逻辑，导致稳控功能闭锁。当电网发生严重故障时，不能执行切机、切负荷策略，造成大电网解列。 预控措施： （1）发出"××稳控装置 SV 总告警"信号后，监控值班员应汇报调度，并通知运维单位现场处置。

续表

信息名称	告警分级	缺陷分类	信息原因	风险分析及预控措施
××稳控装置SV总告警	异常	危急	原因分析：① 合并单元采集模块、电源模块、CPU等内部元件损坏；② 合并单元电源失电；③ 合并单元发光模块异常；④ 合并单元采样数据异常；⑤ 装置至合并单元链路中断	（2）调度人员应做好事故预想，根据现场检查结果确定是否拟定下达调度指令。 （3）运维人员应现场检查稳控及合并单元信号灯是否正常，检修压板投退是否正确，光纤插口是否松动、连接光口是否损坏。 （4）运维人员根据检查结果汇报调度，必要时停运相应稳控功能。 （5）不能自行处理时申请专业班组到站检查处置，检查稳控装置及合并单元配置文件是否正确、光纤衰耗是否异常等，及时更换备用纤或光口
××稳控装置GOOSE总告警	异常	危急	智能变电站稳控采用GOOSE报文传递开关位置开入等重要信息，一旦监测到GOOSE报文链路中断或采样数据异常，稳控装置便会触发GOOSE总告警信号。 原因分析：① 智能终端异常或闭锁；② 智能终端电源失电；③ 智能终端发光模块异常；④ 智能终端发送数据异常；⑤ 稳控装置至智能终端光纤折断	风险分析：稳控接收不到智能终端开关位置，影响稳控逻辑。 预控措施： （1）发出"××稳控装置GOOSE总告警"信号后，监控值班员应汇报调度，并通知运维单位现场处置。 （2）调度人员应做好事故预想，根据现场检查结果确定是否拟定下达调度指令。 （3）运维人员应现场检查稳控和有关联的智能终端信号灯是否正常，检修压板投退是否正确，光纤插口是否松动、连接光口是否损坏。 （4）运维人员根据检查结果汇报调度，必要时停运稳控装置。 （5）不能自行处理时申请专业班组到站检查处置，检查稳控和有关联的智能终端配置文件是否正确、光纤衰耗是否异常等，及时更换备用纤或光口
××稳控装置对时异常	异常	危急	稳控装置不能准确地实现时钟同步功能。	风险分析：稳控装置处理数据采用插值同步算法，不依赖于外部对时信号，对功能不会造成影响。由于装置时钟不同步，导致装置报文时标错误，不利于故障时序分析及回溯。

信息名称	告警分级	缺陷分类	信息原因	风险分析及预控措施
××稳控装置对时异常	异常	危急	原因分析：① GPS 天线异常；② GPS 时钟同步装置异常；③ GPS 时钟扩展装置异常；④ GPS 与稳控装置之间链路异常；⑤ 稳控装置对时模块、守时模块异常	预控措施： （1）监控值班员发现异常信号，应通知运维人员现场检查。当站内出现多个装置同时发对时异常信号时，则可判断为对时装置出现异常。 （2）运维人员现场检查稳控装置及时间同步装置运行情况，核查设备与后台的时间是否一致。 （3）若同步对时装置正常，更换同步对时输出端口，若告警消失，则判断同步对时装置的输出口损坏，更换输出模板或端口。 （4）若采用光 B 码对时，则利用备用光纤、尾纤替换现用光纤尾纤，若告警消失，则判断由于对时光纤损坏或由于光纤衰耗过大影响同步信号传输，更换光纤或纤芯。 （5）不能自行处理时申请专业班组到站检查处置
××稳控装置检修不一致	异常	危急	稳控装置对合并单元、智能终端等设备上送报文的检修标志进行实时检测，并与装置自身的检修状态进行比较。如二者一致，将接收的数据应用于保护逻辑，保护正确动作；当二者不一致时，根据不同报文，选择性地闭锁相关元件。 原因分析：① 现场运维人员误操作；② 检修压板开入异常	风险分析：因检修状态不一致，相应采样、开入信号不能加入稳控程序，导致稳控功能闭锁，影响电网安全稳定运行。 预控措施： （1）监控值班员收到信号后应汇报调度，并通知运维人员，加强运行监控。 （2）运维人员应现场检查装置 GOOSE 检修信号灯是否正常，是否能够正常复归，若不能复归，逐级检查检修压板是否一致。 （3）不能自行处理时申请专业班组到站检查处置，检查装置 GOOSE 接收控制模块是否出错，必要时申请停用该套装置更换相关硬件。 （4）更换硬件后应进行相应的装置试验，保证更换前后稳控功能的正确性
××稳控装置检修压板投入	异常	危急	同"××稳控装置检修不一致"	同"××稳控装置检修不一致"

第8章

自动化装置监控告警信息分析

8.1 智能终端监控信息

信息名称	告警分级	缺陷分类	信息原因	风险分析及预控措施
××智能终端故障	异常	危急	智能终端以硬接线与一次设备连接，用于采集开关、隔离开关位置以及开关本体等信号在内的一次设备的状态量信号，以网络与二次设备连接，实现站内设备对一次设备操控命令的执行、一次设备的信号采集、状态监测、故障诊断等功能。监视开关智能终端是否正常运行，出现严重故障，装置闭锁所有功能，并伴随着"运行"灯灭。	风险分析：智能终端故障后，影响保护、测控等装置的跳闸、合闸操作，造成保护动作时开关不能跳开，使得事故扩大。另一方面，智能终端故障后也影响保护、测控等装置的遥信开入，失去对一次设备状态的监视。 预控措施： （1）监控值班员收到信号后，应根据相关伴随信号（如"××保护装置GOOSE总告警""××合并单元电压切换异常"等）预估影响范围，并立即汇报调控人员及运维人员，制定该套智能终端停用的事故预案。且要求运维人员通知检修班组及时做好应急准备。 （2）调度人员应做好事故预想，合理安排站内设备运行方式，下达调度指令。 （3）运维人员赶赴现场查看智能终端装置故障指示灯是否亮，查看硬件是否有烧毁现象和电源是否正常供电，当装置运行灯灭、发装置闭锁（故障）信号时，汇报调度和监控，申请退出该智能终端及相关保护，立即通知检修人员处理。

信息名称	告警分级	缺陷分类	信息原因	风险分析及预控措施
××智能终端故障	异常	危急	原因分析：① 智能终端装置板卡配置和具体工程的设计图纸不匹配导致无法正常运行；② 定值超过整定范围，程序运行出现错误导致无法正常运行；③ 装置失电或闭锁	（4）若是装置电源消失，逐级检查电源供应情况，尽快恢复电源；若为装置硬件故障和文件配置出错，除按运行规程要求处理外，立即通知检修专业人员处理。 （5）双重化配置的智能终端，单套故障需退出运行时，应按规程要求做好安全措施，同时向有关调度汇报，立即通知检修人员处理。 （6）不能自行处理时申请专业班组到站检查处置，必要时停用保护或一次设备
××智能终端异常	异常	危急	智能终端装置自检、巡检发生异常，但部分功能会受到影响。 原因分析：① 装置自检报警；② GPS 对时信号未接入；③ 跳合闸回路异常；④ 开入板电源异常；⑤ 跳合闸 GOOSE 输入长期动作、信号长时间不返回；⑥ 开入开出回路、光耦回路异常；⑦ 光纤链路异常，如光纤损坏、中断，光纤误码较高等；⑧ 智能终端电源异常；⑨ 其他装置自检异常的项目	风险分析：智能终端异常告警，会造成开关跳合闸回路异常、GPS 对时不准确、光路数据丢失等，影响智能终端与保护、测控等装置间的信息交换，使得开关无法正常分合闸。 预控措施： （1）监控值班员发现此信号后，应根据相关伴随信号（如"装置 GOOSE 链路中断""装置对时异常""控制回路断线"等）预估影响范围，并立即汇报调控人员及运维人员，制定该套智能终端停用的事故预案。且要求运维人员通知检修班组及时做好应急准备。 （2）调度人员应做好事故预想，合理安排站内设备运行方式，下达调度指令。 （3）运维人员应到现场查看智能终端运行情况，检查 GOOSE 接收链路是否中断、检查智能终端检修与保护或测控检修压板是否一致，检查隔离开关辅助触点状态与实际位置是否相符。 （4）当装置发外部时钟丢失、智能开入、开出插件故障、开入电源监视异常、GOOSE 告警等异常信号时，汇报调度，必要时申请退出该套智能终端及相关保护。 （5）不能自行处理时申请专业班组到站检查处置，必要时停用保护或一次设备

信息名称	告警分级	缺陷分类	信息原因	风险分析及预控措施
××智能终端 GOOSE 总告警	异常	危急	监视智能终端接收 GOOSE 报文是否正常，主要接收母差保护跳本间隔、保护及安自装置跳合闸、主变压器保护跳闸、备自投装置跳合闸、测控装置遥控分合闸等信息，GOOSE 告警表示智能终端接收的 GOOSE 报文出现异常，同时报智能终端异常。 　　原因分析：① 相关联的保护、测控及安全自动装置异常或闭锁；② 相关联的保护、测控及安全自动装置电源失电；③ 相关联的保护、测控及安全自动装置发光模块异常；④ 相关联的保护、测控及安全自动装置发送数据异常；⑤ 智能终端与相关联的装置或过程层交换机光纤折断	风险分析：智能终端接收不到保护、测控或安全自动装置的合分闸命令，一次设备故障时，造成相应开关未能跳闸，可能扩大事故范围影响电网安全稳定运行。 　　预控措施： 　　（1）发出"××智能终端 GOOSE 总告警"信号后，监控值班员应查看是否出现"××智能终端 GOOSE 数据异常"或"××线路保护 GOOSE 采样链路中断"等伴随信号，做出初步判断，汇报调度，并通知运维单位现场处置。 　　（2）调度人员应做好事故预想，根据现场检查结果确定是否拟定下达调度指令。 　　（3）运维人员应现场检查智能终端和有关联保护、测控及安全自动装置信号灯是否正常，检修压板投退是否正确，光纤插口是否松动、连接光口是否损坏。 　　（4）运维人员根据检查结果汇报调度，必要时停运相应保护功能或一次设备。 　　（5）不能自行处理时申请专业班组到站检查处置，检查装置配置文件是否正确、光纤衰耗是否异常等，及时更换备用纤或光口
××智能终端对时异常	异常	严重	智能终端不能准确地实现时钟同步功能。	风险分析：由于装置时钟不同步，导致智能终端报文时标错误，不利于故障时序分析及回溯。 　　预控措施： 　　（1）监控值班员发现异常信号，应通知运维人员现场检查。当站内出现多个装置同时发对时异常信号时，则可判断为对时装置出现异常。 　　（2）运维人员现场检查智能终端及时间同步装置运行情况，核查设备与后台的时间是否一致。 　　（3）若同步对时装置正常，更换同步对时输出端口，若告警消失，则判断同步对时装置的输出口损坏，更换输出模板或端口。

信息名称	告警分级	缺陷分类	信息原因	风险分析及预控措施
××智能终端对时异常	异常	严重	原因分析：① GPS 天线异常；② GPS 时钟同步装置异常；③ GPS 时钟扩展装置异常；④ GPS 与智能终端之间链路异常；⑤ 智能终端对时模块、守时模块异常	（4）若采用光 B 码对时，则利用备用光纤、尾纤替换现用光纤尾纤，若告警消失，则判断由于对时光纤损坏或由于光纤衰耗过大影响同步信号传输，更换光纤或纤芯。不能自行处理时申请专业班组到站检查处置，利用仪器在接受端测量对时信号
××智能终端GOOSE数据异常	异常	危急	智能终端接收保护、测控等装置 GOOSE 报文，正常时每 5s 发送一帧，有变位时按 2、2、4、8ms 时间间隔发送。当线路保护订阅数据自检校验出错时，会触发 GOOSE 数据异常告警。 原因分析：① 智能终端接收 GOOSE 报文丢帧、重复、序号逆转；② 智能终端与保护、测控或安全自动装置间配置有差异，GOOSE 报文内容不匹配	风险分析：智能终端 GOOSE 数据异常会影响保护跳、合闸动作，严重时会扩大事故范围，影响电网安全稳定运行。 预控措施： （1）发出"××智能终端 GOOSE 数据异常"信号后，监控值班员应立即汇报调度人员，通知运维单位，加强运行监控，及时掌握设备运行情况。 （2）调度人员应做好事故预想，根据现场检查结果确定是否拟定下达调度指令。 （3）运维人员应现场检查智能终端与保护、测控或安全自动装置信号灯是否正常，检修压板投退是否正确。 （4）运维人员根据检查结果汇报调度，必要时停运相应保护功能或一次设备。 （5）不能自行处理时申请专业班组到站检查处置，检查线路保护和有关联的智能终端或其他保护装置配置文件是否正确、光纤衰耗是否异常等，及时更换备用纤或光口
××智能终端GOOSE检修不一致	异常	危急	智能终端对接收 GOOSE 报文的检修标志进行实时检测，并与装置自身的检修状态进行比较。如二者一致，将接收的数据应用于保护逻辑，保护正确动作；当二者不一致时，根据不同报文，选择性地闭锁相关元件。	风险分析：因检修状态不一致，智能终端不处理接收 GOOSE 报文，导致保护等装置出口后不能作用开关跳、合闸，致使故障点无法及时隔离，扩大事故范围，影响电网安全稳定运行。 预控措施： （1）监控值班员收到信号后应汇报调度，并通知运维人员，加强运行监控。

信息名称	告警分级	缺陷分类	信息原因	风险分析及预控措施
××智能终端GOOSE检修不一致	异常	危急	原因分析：① 现场运维人员误操作；② 检修压板开入异常	（2）运维人员应现场检查装置GOOSE检修信号灯是否正常，是否能够正常复归，若不能复归，逐级检查检修压板是否一致。 （3）不能自行处理时申请专业班组到站检查处置，检查装置GOOSE接收控制模块是否出错，必要时申请停用该套装置更换相关硬件。 （4）更换硬件后应进行相应的装置试验，保证更换前后保护功能的正确性
××智能终端GOOSE链路中断	异常	危急	智能终端在2倍保护生存时间（20s）内未收到下一帧报文，接收方即发出GOOSE链路中断。 原因分析：① 相关联的保护、测控或安全自动装置配置文件有误；② 智能终端接收光口损坏；③ GOOSE光纤回路衰耗大或光纤折断；④ 保护、测控或安全自动装置发送光口损坏	风险分析：智能终端GOOSE数据异常会影响保护跳、合闸动作，严重时会扩大事故范围，影响电网安全稳定运行。 预控措施： （1）发出"××智能终端GOOSE链路中断"信号后，监控值班员应立即汇报调度人员，通知运维单位，加强运行监控，及时掌握设备运行情况。 （2）调度人员应做好事故预想，根据现场检查结果确定是否拟定下达调度指令。 （3）运维人员应现场检查智能终端与保护、测控或安全自动装置信号灯是否正常，检修压板投退是否正确。 （4）运维人员根据检查结果汇报调度，必要时停运相应保护功能或一次设备。 （5）不能自行处理时申请专业班组到站检查处置，检查线路保护和有关联的智能终端或其他保护装置配置文件是否正确、光纤衰耗是否异常等，及时更换备用纤或光口
××智能终端检修压板投入	异常	危急	同"××智能终端GOOSE检修不一致"	同"××智能终端GOOSE检修不一致"

8.2 合并单元监控信息

信息名称	告警分级	缺陷分类	信息原因	风险分析及预控措施
××合并单元故障	异常	危急	合并单元是智能变电站中一类重要设备，其功能是对来自互感器的电流、电压信号（模拟或数字）进行时间上的组合，并将相关数据通过专用协议传输至相关设备。合并单元故障信号表示合并单元运行工况出现严重故障，装置闭锁所有功能，并伴"运行"灯灭。 原因分析：① 合并单元装置板卡配置和具体工程的设计图纸不匹配导致合并单元无法正常运行；② 定值超过整定范围，程序运行出现错误导致合并单元无法正常运行；③ 装置失电	风险分析：合并单元故障后，相应保护、测控装置、电能表等无法获得交流电流采样值，断路器、线路、母线等保护装置失去相关保护功能，一旦保护范围内发生故障，将扩大事故范围，影响电网安全稳定运行。 预控措施： （1）监控值班员收到信号后，应汇报调度并通知相关运维人员，做好合并单元检修时关联保护退出的事故预案，且要求运维人员通知检修班组及时做好应急准备。 （2）调度人员应做好事故预想，合理安排站内设备运行方式，下达调度指令。 （3）运维人员赶赴现场查看智能终端装置故障指示灯是否亮，查看硬件是否有烧毁现象和电源是否正常供电。 （4）若检查合并单元外观无异常，经调度同意后，退出相关保护，布置好安全措施后将装置停用试送电源一次，如异常消失则恢复装置运行，若异常未消失，汇报调度，通知检修人员处理。 （5）若是合并单元硬件缺陷，如光口损坏，通知检修专业人员更换相应硬件和进行其他处理。 （6）双重化配置的合并单元，单套故障时，应按规程要求采取安全措施，同时向有关调度汇报，并通知检修人员处理。 （7）双重化配置的合并单元双套均发生故障时，应立即向有关调度汇报，必要时可申请将相应间隔停电和退出相关保护，并及时通知检修人员处理
××合并单元异常	异常	危急	合并单元装置自检、巡检发生异常，但部分功能会受到影响。	风险分析：合并单元异常后，相应保护、测控装置、电能表等无法获得交流电流采样值，断路器、线路、母线等保护装置失去相关保护功能，一旦保护范围内发生故障，将扩大事故范围，影响电网安全稳定运行。

信息名称	告警分级	缺陷分类	信息原因	风险分析及预控措施
××合并单元异常	异常	危急	原因分析：① 装置自检报警。如装置异常、SV 总告警、GPS 对时信号未接入、开入电源丢失、检修压板投入且任一相有流、母线 MU 置检修、采样板异常、光耦电源异常等；② 数据发送异常；③ 装置采样异常（包括 TA 开路、TV 微断跳闸、TV 断线、采样失步等）；④ 切换继电器同时动作；⑤ 装置内部插件异常；⑥ 合并单元失步；⑦ 合并单元光纤链路异常；⑧ 合并单元配置出现错误；⑨ 合并单元接收电压异常；⑩ 合并单元时钟丢失；⑪ 合并单元接收 MU 无效等	预控措施： （1）监控值班员发现此信号后，应根据相关伴随信号（如装置 SV 链路中断、装置对时异常等）预估影响范围，并立即汇报调控人员及运维人员，制定该套合并单元停用的事故预案。且要求运维人员通知检修班组及时做好应急准备。 （2）调度人员应做好事故预想，合理安排站内设备运行方式，下达调度指令。 （3）运维人员应到现场查看合并单元运行情况，检查接收链路是否中断、检查合并单元检修与保护、测控等检修压板是否一致。通知检修人员，根据情况停用对应保护进行处理。 （4）当装置发外部时钟丢失、智能开入、开出插件故障、开入电源监视异常、GOOSE/SV 告警等异常信号时，汇报调度，必要时申请退出该合并单元及相关保护，并做好安全措施，通知检修人员处理。 （5）不能自行处理时申请专业班组到站检查处置，必要时停用保护或一次设备
××合并单元对时异常	异常	严重	合并单元不能准确地实现时钟同步功能。	风险分析：由于装置时钟不同步，导致合并单元报文时标错误，不利于故障时序分析及回溯。 预控措施： （1）监控值班员发现异常信号，应通知运维人员现场检查。当站内出现多个装置同时发对时异常信号时，则可判断为对时装置出现异常。 （2）运维人员现场检查合并单元及时间同步装置运行情况，核查设备与后台的时间是否一致。 （3）若同步对时装置正常，更换同步对时输出端口，若告警消失，则判断同步对时装置的输出口损坏，更换输出模板或端口。

续表

信息名称	告警分级	缺陷分类	信息原因	风险分析及预控措施
××合并单元对时异常	异常	严重	原因分析：① GPS 天线异常；② GPS 时钟同步装置异常；③ GPS 时钟扩展装置异常；④ GPS 与合并单元之间链路异常；⑤ 合并单元对时模块、守时模块异常	（4）若采用光 B 码对时，则利用备用光纤、尾纤替换现用光纤尾纤，若告警消失，则判断由于对时光纤损坏或由于光纤衰耗过大影响同步信号传输，更换光纤或纤芯。（5）不能自行处理时申请专业班组到站检查处置
××合并单元SV总告警	异常	危急	监视合并单元接收的 SV 报文是否正常，主要接收母线合并单元发送的母线电压，SV 产生告警表示保护及安自装置接收的 SV 报文出现异常，同时报合并单元异常。原因分析：① 母线合并单元采集模块、电源模块、CPU 等内部元件损坏；② 母线合并单元电源失电；③ 母线合并单元发光模块异常；④ 母线合并单元采样数据异常；⑤ 本间隔合并单元装置异常；⑥ 光纤支路接收采样链路异常、光纤损坏、中断、光纤误码较高	风险分析：由于合并单元接收母线合并单元 SV 总告警，将造成相应保护、测控装置、电能表等无法获得交流电压采样值，失去部分保护功能，一旦保护范围内发生故障，将扩大事故范围，影响电网安全稳定运行。预控措施：（1）发出"××合并单元 SV 总告警"信号后，监控值班员应查看是否出现"××合并单元 SV 采样数据异常"或"××合并单元 SV 采样链路中断"等伴随信号，做出初步判断，汇报调度，并通知运维单位现场处置。（2）调度人员应做好事故预想，根据现场检查结果确定是否拟定下达调度指令。（3）运维人员应现场检查保护装置及合并单元信号灯是否正常，检修压板投退是否正确，光纤插口是否松动、连接光口是否损坏。（4）运维人员根据检查结果汇报调度，必要时停运相应保护功能或一次设备。（5）不能自行处理时申请专业班组到站检查处置
××合并单元SV采样链路中断	异常	危急	合并单元收不到预期的级联 SV 数据报文。	风险分析：合并单元 SV 采样链路中断，将造成相应保护、测控装置、电能表等无法获得交流电压采样值，失去部分保护功能，一旦保护范围内发生故障，将扩大事故范围，影响电网安全稳定运行。

信息名称	告警分级	缺陷分类	信息原因	风险分析及预控措施
××合并单元SV采样链路中断	异常	危急	原因分析：① 合并单元配置文件有误；② 间隔合并单元接收光口损坏；③ SV 光纤回路衰耗大或光纤折断；④ 母线合并单元发送光口损坏	预控措施： （1）发出"××合并单元 SV 采样链路中断"信号后，监控值班员应立即汇报调度人员，通知运维单位，加强运行监控，及时掌握设备运行情况。 （2）调度人员应做好事故预想，根据现场检查结果确定是否拟定下达调度指令。 （3）运维人员应现场检查保护装置及合并单元信号灯是否正常，光纤光口是否正常。 （4）运维人员根据检查结果汇报调度，必要时停运相应保护功能或一次设备。 （5）不能自行处理时申请专业班组到站检查处置，检查合并单元配置文件是否正确、光纤衰耗是否异常等，及时更换备用纤或光口
××合并单元SV采样数据异常	异常	危急	合并单元装置模拟量采样数据自检校验出错。 原因分析：① 合并单元双通道采样不一致；② 采样数据时序异常导致采样失步、丢失；③ 母线合并单元与间隔合并单元检修压板投入不一致，导致采样品质位异常；④ 采样数据出错，品质位无效	风险分析：合并单元 SV 采样数据异常，会造成相应保护、测控装置、电能表等无法获得交流采样值，失去部分保护功能，一旦保护范围内发生故障，将扩大事故范围，影响电网安全稳定运行。 预控措施： （1）发出"××合并单元 SV 采样数据异常"信号后，监控值班员应立即汇报调度人员，通知运维单位，加强运行监控，及时掌握设备运行情况。 （2）调度人员应做好事故预想，根据现场检查结果确定是否拟定下达调度指令。 （3）运维人员应现场检查合并单元信号灯是否正常，检修压板投退是否正确。 （4）运维人员根据检查结果汇报调度，必要时停运相应保护功能或一次设备。 （5）不能自行处理时申请专业班组到站检查处置，检查合并单元配置文件是否正确、光纤衰耗是否异常等，及时更换备用纤或光口

信息名称	告警分级	缺陷分类	信息原因	风险分析及预控措施
××合并单元GOOSE总告警	异常	危急	合并单元采用 GOOSE 报文传递隔离开关位置开入、母联开关位置等重要信息，一旦监测到 GOOSE 报文链路中断或采样数据异常，保护装置便会触发GOOSE 总告警信号。 　　原因分析：① 智能终端异常或闭锁；② 智能终端电源失电；③ 智能终端发光模块异常；④ 智能终端发送数据异常；⑤ 合并单元至过程层交换机光纤折断	风险分析：合并单元失去电压并列/功换功能，造成保护装置失去需要电压值判断的相关保护功能，可能扩大事故范围，影响电网安全稳定运行。 　　预控措施： 　　（1）发出"××合并单元 GOOSE 总告警"信号后，监控值班员应查看是否出现"××合并单元 GOOSE 采样数据异常"或"××合并单元 GOOSE 采样链路中断"等伴随信号，做出初步判断，汇报调度，并通知运维单位现场处置。 　　（2）调度人员应做好事故预想，根据现场检查结果确定是否拟定下达调度指令。 　　（3）运维人员应现场检查合并单元和有关联的智能终端信号灯是否正常，检修压板投退是否正确，光纤插口是否松动、连接光口是否损坏。 　　（4）运维人员根据检查结果汇报调度，必要时停运相应保护功能或一次设备。 　　（5）不能自行处理时申请专业班组到站检查处置，检查合并单元和智能终端配置文件是否正确、光纤衰耗是否异常等，及时更换备用纤或光口
××合并单元GOOSE数据异常	异常	危急	智能变电站合并单元装置接收智能终端 GOOSE 报文，正常时每 5s 发送一帧，有变位时按 2、2、4、8ms 时间间隔发送。当合并单元订阅数据自检校验出错时，会触发 GOOSE 数据异常告警。	风险分析：合并单元 GOOSE 采样数据异常会影响电压并列/功换功能，造成保护装置失去需要电压值判断的相关保护功能，可能扩大事故范围，影响电网安全稳定运行。 　　预控措施： 　　（1）发出"××合并单元 GOOSE 数据异常"信号后，监控值班员应立即汇报调度人员，通知运维单位，加强运行监控，及时掌握设备运行情况。 　　（2）调度人员应做好事故预想，根据现场检查结果确定是否拟定下达调度指令。

续表

信息名称	告警分级	缺陷分类	信息原因	风险分析及预控措施
××合并单元GOOSE数据异常	异常	危急	原因分析：① 合并单元接收GOOSE报文丢帧、重复、序号逆转；② 合并单元与智能终端或其他保护间配置有差异，GOOSE报文内容不匹配	（3）运维人员应现场检查合并单元和有关联的智能终端信号灯是否正常，检修压板投退是否正确。 （4）运维人员根据检查结果汇报调度，必要时停运相应保护功能或一次设备。 （5）不能自行处理时申请专业班组到站检查处置，检查合并单元和有关联的智能终端配置文件是否正确、光纤衰耗是否异常等，及时更换备用纤或光口
××合并单元GOOSE链路中断	异常	危急	智能变电站合并单元装置在2倍保护生存时间（20s）内未收到下一帧报文，接收方即发出GOOSE链路中断。 原因分析：① 智能终端配置文件有误；② 合并单元接收光口损坏；③ GOOSE光纤回路衰耗大或光纤折断；④ 智能终端发送光口损坏	风险分析：合并单元GOOSE链路中断异常会影响电压并列/切换功能，造成保护装置失去需要电压值判断的相关保护功能，可能扩大事故范围，影响电网安全稳定运行。 预控措施： （1）发出"××合并单元GOOSE链路中断"信号后，监控值班员应立即汇报调度人员，通知运维单位，加强运行监控，及时掌握设备运行情况。 （2）调度人员应做好事故预想，根据现场检查结果确定是否拟定下达调度指令。 （3）运维人员应现场检查合并单元和有关联的智能终端信号灯是否正常，检修压板投退是否正确。 （4）运维人员根据检查结果汇报调度，必要时停运相应保护功能或一次设备。 （5）不能自行处理时申请专业班组到站检查处置，检查合并单元和有关联的智能终端配置文件是否正确、光纤衰耗是否异常等，及时更换备用纤或光口

信息名称	告警分级	缺陷分类	信息原因	风险分析及预控措施
××合并单元SV检修不一致	异常	危急	合并单元对母线合并单元级联 SV 报文的检修标志进行实时检测，并与装置自身的检修状态进行比较。如二者一致，将接收的数据应用于保护逻辑，保护正确动作；当二者不一致时，根据不同报文，选择性地闭锁相关元件。 　　原因分析：① 现场运维人员误操作；② 检修压板开入异常	风险分析：因 SV 检修状态不一致，会造成相应保护、测控装置、电能表等无法获得交流采样值，失去部分保护功能，一旦保护范围内发生故障，将扩大事故范围，影响电网安全稳定运行。 　　预控措施： 　　（1）监控值班员收到信号后应汇报调度，并通知运维人员，加强运行监控。 　　（2）运维人员应现场检查装置检修信号灯是否正常，是否能够正常复归，若不能复归，逐级检查检修压板是否一致。 　　（3）不能自行处理时申请专业班组到站检查处置，检查装置SV接收控制模块是否出错，必要时申请停用该套装置更换相关硬件。 　　（4）更换硬件后应进行相应的装置试验，保证更换前后保护功能的正确性
××合并单元GOOSE检修不一致	异常	危急	合并单元对智能终端等设备上送 GOOSE 报文的检修标志进行实时检测，并与装置自身的检修状态进行比较。如二者一致，将接收的数据应用于保护逻辑，保护正确动作；当二者不一致时，根据不同报文，选择性地闭锁相关元件。 　　原因分析：① 现场运维人员误操作；② 检修压板开入异常	风险分析：因 GOOSE 检修状态不一致，会影响电压并列/切换功能，造成保护装置失去需要电压值判断的相关保护功能，可能扩大事故范围，影响电网安全稳定运行。 　　预控措施： 　　（1）监控值班员收到信号后应汇报调度，并通知运维人员，加强运行监控。 　　（2）运维人员应现场检查装置检修信号灯是否正常，是否能够正常复归，若不能复归，逐级检查检修压板是否一致。 　　（3）不能自行处理时申请专业班组到站检查处置，检查装置GOOSE接收控制模块是否出错，必要时申请停用该套装置更换相关硬件。 　　（4）更换硬件后应进行相应的装置试验，保证更换前后保护功能的正确性

信息名称	告警分级	缺陷分类	信息原因	风险分析及预控措施
××合并单元电压切换异常	异常	危急	合并单元通过智能终端发送的 GOOSE 隔离开关位置信号作为电压切换的依据，当收到的 I 段母线或 II 段母线隔离开关合、分位置同时动作时（00 或 11），合并单元输出切换后电压将保持上一状态，且发出告警。 原因分析：① 双母线倒闸操作中，I、II 段母线隔离开关均在合位；② 隔离开关辅助触点及回路故障	风险分析：因隔离开关合、分位置同时动作（00 或 11），导致合并单元电压切换逻辑保持上一状态，可能造成装置失去需要电压值判断的相关保护功能，扩大事故范围，影响电网安全稳定运行。 预控措施： （1）监控值班员应立即汇报调度人员，通知运维单位，加强运行监控，及时掌握设备运行情况。 （2）运维人员应现场检查合并单元面板信号灯，检查各装置插件运行情况。 （3）不能自行处理时申请专业班组到站检查处置，检查装置 GOOSE 接收控制模块是否出错，必要时申请停用该套装置更换相关硬件。 （4）更换硬件后应进行相应的装置试验，保证更换前后保护功能的正确性
××合并单元电压并列异常	异常	危急	合并单元通过智能终端发送的 GOOSE 开关、隔离开关位置信号作为电压并列的依据，当收到的母联开关和隔离开关的合、分位置同时动作时（00 或 11），合并单元输出并列后电压将保持上一状态，且发出告警。 原因分析：① 双母线倒闸操作中，I、II 段母线隔离开关均在合位；② 隔离开关辅助触点及回路故障	风险分析：母联开关和隔离开关合、分位置同时动作（00 或 11），导致合并单元电压并列逻辑保持上一状态，可能造成装置失去需要电压值判断的相关保护功能，扩大事故范围，影响电网安全稳定运行。 预控措施： （1）监控值班员应立即汇报调度人员，通知运维单位，加强运行监控，及时掌握设备运行情况。 （2）运维人员应现场检查合并单元面板信号灯，检查各装置插件运行情况。 （3）不能自行处理时申请专业班组到站检查处置，检查装置 GOOSE 接收控制模块是否出错，必要时申请停用该套装置更换相关硬件。 （4）更换硬件后应进行相应的装置试验，保证更换前后保护功能的正确性

信息名称	告警分级	缺陷分类	信息原因	风险分析及预控措施
××合并单元检修压板投入	异常	危急	同"××合并单元 SV 检修不一致"和"××合并单元 GOOSE 检修不一致"	同"××合并单元 SV 检修不一致"和"××合并单元 GOOSE 检修不一致"
××智能组件柜温度异常	异常	严重	智能终端与合并单元多采用就地布置，为此智能变电站在汇控柜内布置了温湿度传感器，用以监视现场设备的运行状态。 原因分析：① 汇控柜、智能终端、合并单元风扇损坏；② 汇控柜散热不良；③ 温度变送器损坏；④ 后台信号定义错误	风险分析：智能终端与合并单元因运行环境恶劣异常或故障，造成次生缺陷，影响保护及安自装置正确动作。 预控措施： （1）监控值班员收到该遥信信号后，应通知相关运维站人员及时到现场检查处理。 （2）运维人员现场检查热交换器或空调运行状态是否良好，空气开关是否跳闸，并现场实测柜内温度。 （3）检查温度变送器是否工作正常，查看智能终端直流采样数据是否正确，后台信号定义是否正确，必要时通知检修班组现场消缺。 （4）若柜内设备均检查正常，应检查柜内实测温度是否超过告警值，并对汇控柜采取相关散热/加热措施进行
××智能组件柜温湿度控制设备故障	异常	严重	智能组件柜温湿度控制设备故障后发出该信号。 原因分析：① 汇控柜、智能终端、合并单元风扇损坏；② 汇控柜驱潮器故障；③ 汇控柜风扇、驱潮器电源故障；④ 空调故障	风险分析：智能组件柜温湿度控制设备故障后，失去柜内环境调节功能，造成次生缺陷，影响保护及安自装置正确动作。 预控措施： （1）监控值班员收到该遥信信号后，应通知相关运维站人员及时到现场检查处理。 （2）运维人员现场检查热交换器或空调运行状态是否良好，空气开关是否跳闸，并现场实测柜内温度。 （3）若空气开关跳开时，判断为热交换器或空调电源空气开关跳闸，检查相关回路，通知检修人员处理。 （4）若空气开关正常，热交换器或空调停止工作时，判断为热交换器或空调故障，通知检修人员及时更换热交换器或空调

8.3　测控装置监控信息

信息名称	告警分级	缺陷分类	信息原因	风险分析及预控措施
××测控装置故障	异常	危急	测控装置软硬件自检、巡检严重错误，装置闭锁相关功能。 原因分析：① 装置内存错误、定值出错等硬件本身故障；② 装置失电或闭锁	风险分析：测控装置故障将造成全部遥信、遥测、遥控功能失效，使得设备失去监视。 　　预控措施： （1）监控值班员应立即汇报调度人员，通知运维单位，加强运行监控，及时掌握设备运行情况。 （2）调度人员应做好事故预想，合理安排站内设备运行方式，下达调度指令。 （3）运维人员应仔细检查测控装置各信号指示灯，记录液晶面板显示内容，并结合其他装置进行综合判断。 （4）根据检查结果汇报调度，不能自行处理应联系检修班组消缺，必要时停运相应的保护装置或一次设备
××测控装置异常	异常	危急	测控装置软硬件自检、巡检发生错误。 原因分析：① 装置内部通信出错；② 装置自检、巡检异常；③ 装置内部元件、模块故障	风险分析：测控装置异常将造成部分遥信、遥测、遥控功能失效，使得设备告警监视不全面。 　　预控措施： （1）监控值班员应立即汇报调度人员，通知运维单位，加强运行监控，及时掌握设备运行情况。 （2）调度人员应做好事故预想，合理安排站内设备运行方式，下达调度指令。 （3）运维人员应仔细检查测控装置各信号指示灯，记录液晶面板显示内容，并结合其他装置进行综合判断。 （4）根据检查结果汇报调度，不能自行处理应联系检修班组消缺，必要时停运相应的保护装置或一次设备

续表

信息名称	告警分级	缺陷分类	信息原因	风险分析及预控措施
××测控装置GOOSE总告警	异常	危急	智能变电站测控装置采用GOOSE报文传递开关、隔离开关及告警遥信开入，一旦监测到GOOSE报文链路中断或采样数据异常，测控装置便会触发GOOSE总告警信号。 原因分析：① 智能终端或其他保护异常或闭锁；② 智能终端或其他保护电源失电；③ 智能终端或其他保护发光模块异常；④ 智能终端或其他保护发送数据异常；⑤ 测控装置至智能终端或过程层交换机光纤折断	风险分析：测控装置GOOSE总告警将造成部分遥信功能失效，使得设备告警监视不全面。 预控措施： （1）发出"××测控装置GOOSE总告警"信号后，监控值班员应查看其他装置伴随信号，做出初步判断，汇报调度，并通知运维单位现场处置。 （2）调度人员应做好事故预想，根据现场检查结果确定是否拟定下达调度指令。 （3）运维人员应现场检查测控装置和有关联的智能终端或其他保护装置信号灯是否正常，检修压板投退是否正确，光纤插口是否松动、连接光口是否损坏。 （4）运维人员根据检查结果汇报调度，必要时停运相应保护功能或一次设备。 （5）不能自行处理时申请专业班组到站检查处置，检查测控装置和有关联的智能终端或其他保护装置配置文件是否正确、光纤衰耗是否异常等，及时更换备用纤或光口
××测控装置SV总告警	异常	危急	智能变电站测控装置采用SV报文传递母线电压、间隔电流以及采样延时等重要信息，一旦监测到SV报文链路中断或采样数据异常，保护装置便会触发SV总告警信号。	风险分析：测控装置SV总告警影响测控装置功率计算，造成部分遥测功能失效，使得设备告警监视不全面。 预控措施： （1）发出"××测控装置SV总告警"信号后，监控值班员应查看是否出现"××保护SV总告警"等伴随信号，做出初步判断，汇报调度，并通知运维单位现场处置。 （2）调度人员应做好事故预想，根据现场检查结果确定是否拟定下达调度指令。 （3）运维人员应现场检查测控装置及合并单元信号灯是否正常，检修压板投退是否正确，光纤插口是否松动、连接光口是否损坏。

信息名称	告警分级	缺陷分类	信息原因	风险分析及预控措施
××测控装置 SV 总告警	异常	危急	原因分析：① 合并单元采集模块、电源模块、CPU 等内部元件损坏；② 合并单元电源失电；③ 合并单元发光模块异常；④ 合并单元采样数据异常；⑤ 测控装置至过程层中心交换机链路中断	（4）运维人员根据检查结果汇报调度，必要时停运相应保护功能或一次设备。 （5）不能自行处理时申请专业班组到站检查处置，检查测控装置及合并单元配置文件是否正确、光纤衰耗是否异常等，及时更换备用纤或光口
××测控装置 A 网通信中断	异常	严重	测控装置与交换机通信异常。 原因分析：① 装置内部通信出错；② 装置自检、巡检异常；③ 装置内部电源异常；④ 网口或网线接线松动	风险分析：若测控采用双网通信，且只有一路网络通信中断时不影响运行；若是双网均通信中断，"四遥"信息无法上传或遥控（调）不执行，影响设备监视功能。 预控措施： （1）监控值班员应通知运维人员现场检查测控装置及通信回路运行情况，并加强监视。 （2）运维人员应通知专业班组检查测控装置及其与站控层交换机的连接情况
××测控装置 B 网通信中断	异常	严重	同"××测控装置 A 网通信中断"	同"××测控装置 A 网通信中断"
××测控装置对时异常	异常	严重	测控装置不能准确地实现时钟同步功能。	风险分析：测控装置处理数据需要借助网络对时功能，时钟同步异常后将影响测控装置功率计算，造成部分遥测功能失效，使得设备告警监视不全面。 预控措施： （1）监控值班员发现异常信号，应通知运维人员现场检查。当站内出现多个装置同时发对时异常信号时，则可判断为对时装置出现异常。 （2）运维人员现场检查测控装置及时间同步装置运行情况，核查设备与后台的时间是否一致。

信息名称	告警分级	缺陷分类	信息原因	风险分析及预控措施
××测控装置对时异常	异常	严重	原因分析：① GPS 天线异常；② GPS 时钟同步装置异常；③ GPS 时钟扩展装置异常；④ GPS 与测控装置之间链路异常；⑤ 测控装置对时模块、守时模块异常	（3）若同步对时装置正常，更换同步对时输出端口，若告警消失，则判断同步对时装置的输出口损坏，更换输出模板或端口。 （4）若采用光 B 码对时，则利用备用光纤、尾纤替换现用光纤尾纤，若告警消失，则判断由于对时光纤损坏或由于光纤衰耗过大影响同步信号传输，更换光纤或纤芯。 （5）不能自行处理时申请专业班组到站检查处置
××测控装置检修压板投入	异常	危急	测控装置对合并单元、智能终端等设备上送报文的检修标志进行实时检测，并与装置自身的检修状态进行比较。如二者一致，将接收的数据应用于测控逻辑计算；当二者不一致时，根据不同报文，选择性地闭锁相关测控逻辑。 原因分析：① 现场运维人员误操作；② 检修压板开入异常	风险分析：因检修状态不一致，相应采样、开入信号不能加入测控逻辑，造成部分遥信、遥测、遥控功能失效，使得设备告警监视不全面。 预控措施： （1）监控值班员收到信号后应汇报调度，并通知运维人员，加强运行监控。 （2）运维人员应现场检查装置 GOOSE 检修信号灯是否正常，是否能够正常复归，若不能复归，逐级检查检修压板是否一致。 （3）不能自行处理时申请专业班组到站检查处置，检查装置 GOOSE 接收控制模块是否出错，必要时申请停用该套装置更换相关硬件。 （4）更换硬件后应进行相应的装置试验，保证更换前后保护功能的正确性
××测控装置防误解除	异常	危急	测控装置通过在遥控回路中串接测控防误触点实现间隔五防功能，当防误功能解除时会发出告警信号。 原因分析：① 现场运维人员误操作；② 解锁压板或把手开入异常	风险分析：因防误功能解除，造成现场人员操作时不经间隔"五防"逻辑，增大了误操作风险。 预控措施： （1）监控值班员收到信号后应汇报调度，并通知运维人员，加强运行监控。 （2）运维人员应现场检查装置解锁/连锁把手或压板状态是否正确，相应的开入信号是否正确。 （3）不能自行处理时申请专业班组到站检查处置，检查装置二次回路，必要时申请停用该套装置更换相关硬件

8.4　其他自动化设备监控信息

信息名称	告警分级	缺陷分类	信息原因	风险分析及预控措施
××远动装置故障	异常	危急	远动装置自检、巡检发生严重错误，装置无法运行。 原因分析：① 装置内存出错、元器件损坏等硬件本身故障；② 装置失电	风险分析：远动装置故障后，站内相关信息无法上传调度控制中心，造成全站失去监视。 预控措施： （1）监控结合上传信息综合分析，汇报调度，通知运维单位，加强运行监控。 （2）运维人员应现场检查装置各信号指示灯，记录液晶面板显示内容，检查装置是否死机。 （3）检查装置电源，根据检查结果通知检修班组处理
××相量测量装置故障	异常	危急	相量测量装置在厂站端实时测量相角等电气参量，利用 GPS 实现时间同步，并把打上时标的电气参数传输到调度中心，实现电网系统电压及功角的实时监测。相量测量装置在装置自检、巡检发生严重错误，将发出告警，并影响相量测量功能。 原因分析：① 装置内部元件故障；② 内部程序、定值出错等，自检、巡检异常；③ 装置直流电源消失	风险分析：相量测量装置故障会影响变电站电气参量采样及上传，造成调度端电网安全分析决策不准确。 预控措施： （1）监控值班员应立即汇报调度人员，通知运维单位，加强运行监控，及时掌握设备运行情况。 （2）运维人员应仔细检查相量测量装置各信号指示灯，记录液晶面板显示内容，并结合其他装置进行综合判断。 （3）根据检查结果汇报调度，停运相应的相量测量装置。 （4）不能自行处理时申请专业班组到站检查处置
××相量测量装置异常	异常	危急	相量测量装置在装置自检、巡检发生错误，将发出告警，并影响部分相量测量功能。 原因分析：① TV 断线；② TA 断线；③ 时间同步异常	风险分析：相量测量装置异常会影响变电站电气参量采样及上传，造成调度端电网安全分析决策不准确。 预控措施： （1）监控值班员应立即汇报调度人员，通知运维单位，加强运行监控，及时掌握设备运行情况。 （2）运维人员应仔细检查相量测量装置各信号指示灯，记录液晶面板显示内容，并结合其他装置进行综合判断。 （3）根据检查结果汇报调度，停运相应的相量测量装置。 （4）不能自行处理时申请专业班组到站检查处置

信息名称	告警分级	缺陷分类	信息原因	风险分析及预控措施
××时间同步装置故障	异常	严重	时间同步装置用于接收 GPS 或北斗授时信号，并将时钟信号通过专用协议传送给变电站各类设备。当时间同步装置在装置自检、巡检发生严重错误，将发出告警，并影响时钟同步。原因分析：① 装置元器件损坏等硬件本身故障；② 装置失电	风险分析：时间同步装置故障会影响变电站装置时钟。预控措施：（1）监控值班员应通知运维单位，加强运行监控，及时掌握设备运行情况。（2）运维人员应仔细检查时间同步装置各信号指示灯，记录液晶面板显示内容，并结合其他装置进行综合判断。（3）不能自行处理时申请专业班组到站检查处置
××时间同步装置异常	异常	严重	当时间同步装置在装置自检、巡检发生错误，将发出告警，并影响时钟同步。	风险分析：时间同步装置异常会影响变电站装置时钟。预控措施：（1）监控值班员应通知运维单位，加强运行监控，及时掌握设备运行情况。（2）运维人员应仔细检查时间同步装置各信号指示灯，记录液晶面板显示内容，并结合其他装置进行综合判断。（3）不能自行处理时申请专业班组到站检查处置
××时间同步装置失步	异常	严重	时间同步装置未接收卫星授时信号，导致时间不同步。原因分析：① 授时天线故障；② 授时电缆松动；③ 时间同步装插件损坏	风险分析：时间同步装置失步会影响变电站装置时钟的同步性。预控措施：（1）监控值班员应通知运维单位，加强运行监控，及时掌握设备运行情况。（2）运维人员应仔细检查时间同步装置各信号指示灯，记录液晶面板显示内容，并结合其他装置进行综合判断。（3）不能自行处理时申请专业班组到站检查处置
时间同步装置扩展时钟故障	异常	严重	时间同步装置扩展用于扩展时钟输出接口。当时间同步扩展装置在装置自检、巡检发生严重错误，将发出告警，并影响时钟同步。原因分析：① 装置元器件损坏等硬件本身故障；② 装置失电	同"××时间同步装置故障"

续表

信息名称	告警分级	缺陷分类	信息原因	风险分析及预控措施
时间同步装置扩展时钟异常	异常	严重	同"××时间同步装置异常"	同"××时间同步装置异常"
时间同步装置扩展时钟失步	异常	严重	同"××时间同步装置失步"	同"××时间同步装置失步"
时间同步系统对时异常	异常	严重	时间同步装置不能准确地实现时钟同步功能。 原因分析：① GPS 天线异常；② GPS 时钟同步装置异常；③ GPS 时钟扩展装置异常；④ 时间同步装置对时模块、守时模块异常	风险分析：时间同步系统对时异常会影响变电站装置时钟。 预控措施： （1）监控值班员应通知运维单位，加强运行监控，及时掌握设备运行情况。 （2）运维人员应仔细检查时间同步装置各信号指示灯，记录液晶面板显示内容，并结合其他装置进行综合判断。 （3）不能自行处理时申请专业班组到站检查处置
过程层交换机故障	异常	危急	过程层交换机在装置自检、巡检发生严重错误，将发出告警。 原因分析：① 装置元器件损坏等硬件本身故障；② 装置失电	风险分析：过程层交换机故障将导致装置组网信号通信中断，影响保护、测控及安全自动装置的正常运行，给变电站安全运行带来重大风险。 预控措施： （1）发出"过程层交换机故障"信号后，监控值班员应查看相应的伴随信号，做出初步判断，汇报调度，并通知运维单位现场处置。 （2）调度人员应做好事故预想，根据现场检查结果确定是否拟定下达调度指令。 （3）运维人员应现场检查过程层交换机和有关联装置信号灯是否正常。 （4）运维人员根据检查结果汇报调度，必要时停运相应保护功能或一次设备。 （5）不能自行处理时申请专业班组到站检查处置

信息名称	告警分级	缺陷分类	信息原因	风险分析及预控措施
站控层交换机故障	异常	危急	站控层交换机在装置自检、巡检发生严重错误，将发出告警。 原因分析：① 装置元器件损坏等硬件本身故障；② 装置失电	风险分析：站控层交换机故障后，站内相关信息无法上传后台及调控中心，且无法执行遥控操作，造成该站设备失去监视。 预控措施： （1）监控结合上传信息综合分析，汇报调度，通知运维单位，加强运行监控。 （2）运维人员应现场检查装置各信号指示灯，记录液晶面板显示内容，检查装置是否死机。 （3）检查装置电源，根据检查结果通知检修班组处理
×号故障录波装置异常	异常	危急	故障录波器在装置自检、巡检发生错误，将发出告警。 原因分析：① 装置元器件损坏等硬件本身故障；② 装置失电；③ 装置通信中断	风险分析：故障录波器装置异常后会失去录波功能，电网发生故障时无法记录相关波形，不利于事故处理和分析判断。 预控措施： （1）监控结合上传信息综合分析，汇报调度，通知运维单位，加强运行监控。 （2）运维人员应现场检查装置各信号指示灯，记录液晶面板显示内容，检查装置是否死机。 （3）检查装置电源，根据检查结果通知检修班组处理
×号故障录波装置启动	异常	一般	故障录波器监测到电网电气量波动或外部启动开入变位时会自动启动录波。 原因分析：① 电流、电压突变量启动；② 频率启动；③ 外部开关量启动	风险分析：故障录波器启动后会记录当前电网运行波形，若装置频繁启动将导致录波容量不足或故障录波被覆盖，不利于事故处理和分析判断。 预控措施： （1）监控结合上传信息综合分析，汇报调度，通知运维单位，加强运行监控。 （2）运维人员应现场检查装置各信号指示灯，记录液晶面板显示内容，检查装置频繁启动原因。 （3）检查装置电源，根据检查结果通知检修班组处理

续表

信息名称	告警分级	缺陷分类	信息原因	风险分析及预控措施
网络分析装置故障	异常	危急	网络分析仪在装置自检、巡检发生错误，将发出告警。 　　原因分析：① 装置元器件损坏等硬件本身故障；② 装置失电；③ 装置通信中断	风险分析：网络分析仪装置异常后会失去对变电站网络报文的解析功能，电网发生故障时无法记录相关信息，不利于事故处理和分析判断。 　　预控措施： 　　（1）监控结合上传信息综合分析，汇报调度，通知运维单位，加强运行监控。 　　（2）运维人员应现场检查装置各信号指示灯，记录液晶面板显示内容，检查装置是否死机。 　　（3）检查装置电源，根据检查结果通知检修班组处理

附录A

一次设备图库

A1 220kV 母线

额定电压（kV）：220
额定电流（A）：3000
绝缘耐热等级：A
母线材质：铝锰合金
结构型式：管形
硬母线安装方式：支持式
设备型号：LF21Y-①120110
①1001 接地开关
额定电压（kV）：252
额定电流（A）：2500
接地开关机构型式：手动
使用环境：户外式
设备型号：JW2-220

A2 110kV 母线

额定电压（k）：110

额定电流（A）：503

绝缘耐热等级：A

母线材质：钢芯铝绞线

结构型式：软母线

硬母线安装方式：悬吊式

设备型号：LGJ-300/40

A3 35kV 母线

额定电压（kV）：35

额定电流（A）：505

绝缘耐热等级：A

母线材质：钢芯铝绞线

结构型式：软母线

硬母线安装方式：悬吊式

设备型号：LGJ-300/25

A4 220kV TV

① 220kV TV

额定电压（kV）：$220/\sqrt{3}$

设备型号：$TYD220/\sqrt{3}-0.01H$

② 220kV 母线避雷器

额定电压（kV）：220

设备型号：Y10W_200/520

③ 220kV TV 隔离开关

额定电压（kV）：252

额定电流（A）：2500

设备型号：GW16-220D

④ 放电记录仪

设备型号：JW2

⑤ 避雷器在线监测

设备型号：MS821-MO

A5 110kV TV

① 110kV TV

额定电压（kV）：$110/\sqrt{3}$

设备型号：$TYD110/\sqrt{3}-0.02W3$

② 110kV 母线避雷器

设备型号：Y10W-100/260

③ 110kV TV 隔离开关

额定电压（kV）：126

额定电流（A）：2000

设备型号：GW4D-126 Ⅲ DW/2000A

④ 放电记录仪

设备型号：JCQ3A

A6 35kV TV

① 35kV TV
额定电压（kV）：$35/\sqrt{3}$
设备型号：JDXN6-35

② 35kV 母线避雷器
额定电压（kV）：35
设备型号：HY5WZ42

③ 互 07 隔离开关
额定电压（kV）：40.5
额定电流（A）：1250
设备型号：GW5（A）-40.5

④ 高压熔断器
额定电压（kV）：35
额定电流（A）：0.5
设备型号：RXW0-35/0.5A

⑤ 放电记录仪
设备型号：JCQ

⑥ 互 074 接地开关
设备型号：CS1|G2

A7 220kV 主变压器 1

额定电压（kV）：220

额定电流（高/中低）（A）：393.6/715.7/1178.3

绝缘耐热等级：A

冷却方式：强迫油循环导向风冷（ODAF）

电压比：220±8×1.25%/121/36.75

空载损耗（kW）：130.4

负载损耗（实测值）（满载）（kW）：572.4

自然冷却噪声（dB）：70

总重（t）：177

油重（t）：42

设备型号：SFPSZ8-150000/220

调压装置

设备型号：MⅢ500Y-110

气体继电器

设备型号：QJ4-25

套管

设备型号：BRLW

套管 TV

设备型号：LRB

附件

压力释放装置

设备型号：YSF4

温度计

设备型号：WTYK-802

A8 220kV 主变压器 2

① 220kV 中性点 TA

额定电压（kV）：10

额定电流（A）：200

设备型号：LZZBJW19-10

② 220kV 中性点接地开关

额定电压（kV）：126

额定电流（A）：630

设备型号：GW13-126W6

③ 220kV 中性点避雷器

额定电压（kV）：144

设备型号：Y1.5W-144/320W

④ 110kV 中性点 TA

额定电压（kV）：10

额定电流（A）200

设备型号：LZZBJW19-10

⑤ 110kV 中性点接地开关

额定电压（kV）：72.5

额定电流（A）：630

设备型号：GW13-725630

⑥ 110kV 中性点避雷器

额定电压（V）：72

设备型号：Y1.5W-72/186W

A9 主变压器三侧避雷器

主变压器 220kV 侧避雷器

设备型号：Y10W200/520

主变压器 110kV 侧避雷器

设备型号：Y10W-100/260

主变压器 35kV 侧避雷器

设备型号：Y5W-42/128

① 放电记录仪　　　　　　　　　③ 放电记录

设备型号：JCQ3A　　　　　　　设备型号：JW2

② 避雷器在线监测　　　　　　　④ 放电记录仪

设备型号：MS821-MO　　　　　设备型号：JSH

A10　220kV 间隔（LW6–220）

① 断路器

额定电压（kV）：220

额定电流（A）：3150

设备型号：LW6-220

②、③、⑤、⑥ 隔离开关

额定电压（kV）：252

额定电流（A）：2500

设备型号：GW16-220、GW16-220D、
　　　　　　GW17-220D、GW16-220D

④ TA

额定电压（kV）：220

额定电流（A）：1200

设备型号：LCWB-220

⑦ TV

额定电压（kV）：$220/\sqrt{3}$

设备型号：TYD2203-0.0045H

⑧ 避雷器

额定电压（kV）：204

设备型号：Y10W5-204532W

⑨ 阻波器

额定电压（kV）：220

额定电流（A）：1250

设备型号：XZK-1250-1.5

A11　220kV 间隔（LW6B-220）

① 断路器

额定电压（kV）：220

额定电流（A）：3150

设备型号：LW6B-252W

②、③、⑤、⑥ 隔离开关

额定电压（kV）：252

额定电流（A）：2500

设备型号：GW16-220、GW16-220D

　　　　　　GW17A-252DW、GW16-220D

④ TA

额定电压（kV）：220

额定电流（A）：1200

设备型号：LB9-220W

⑦ TV

额定电压（kV）：$220/\sqrt{3}$

设备型号：TYD220/V3-0005H

⑧ 避雷器

额定电压（kV）：204

设备型号：Y10W5204532W

⑨ 阻波器

额定电压（kV）：220

额定电流（A）：1250

设备型号：XZK-1250-1.0/315-B3

A12 110kV 间隔（ZHW5–126）

① 断路器

额定电压（kV）：126

额定电流（A）：3150

设备型号：ZHW5-126（L）

②、③、④ 隔离开关

额定电压（kV）：126

额定电流（A）：3150

设备型号：ZHW5-126（L）

⑤ TA

额定电压（kV）：0.66

额定电流（A）：1200

设备型号：LMWSB

⑥ 避雷器

额定电压（kV）：110

设备型号：Y10W-100260

⑦ 线路 CVT

额定电压（V）：$110/\sqrt{3}$

设备型号：TYD1110/3-0.01

A13　35kV 间隔（LW36–40.5WT）

① 断路器

额定电压（kV）：40.5

额定电流（A）：2500

设备型号：LW36-40.5（WT）

②、③、④ 隔离开关

额定电压（V）：40.5

额定电流（A）：1250

设备型号：GW5（A）-40.5

⑤ TA

额定电压（kV）：35

额定电流（A）：200

设备型号：LZZQ8-35W

⑥ 避雷器

额定电压（kV）：35

设备型号：YH5WZ-51134W

A14　35kV 接地变压器消弧线圈间隔

① 断路器

额定电压（kV）：40.5

额定电流（A）：2500

设备型号：LW36-40.5W

② 311 隔离开关

额定电压（kV）：40.5

额定电流（A）：1250

设备型号：GW5（A）-40.5

③ TA

额定电压（V）：35

额定电流（A）：200

设备型号：LZ7ZQ8-35W

④ 接地变压器

额定电压 kV）：38.5

额定电流（A）：16.5

设备型号：DKSC-1100-400/35

A15　35kV 站用电间隔

① 断路器

额定电压（kV）：40.5

额定电流（A）：2500

设备型号：LW36-40.5WT

② 隔离开关

额定电压（kV）：40.5

额定电流（A）：1250

设备型号：GW5（A）-40.5

③ TA

额定电压（kV）：35

额定电流（A）：200

设备型号：LZZQ8-35W

④ 站用变压器

额定电压（kV）：35/0.4

额定电流（A）：250

设备型号：S7-315/35

A16 LW6-220B 型 SF$_6$断路器机构

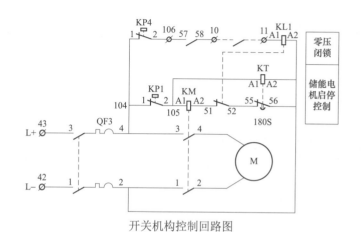

开关机构控制回路图

① 常油箱压	② 控制阀	③ 分闸线圈
④ 合闸线圈	⑤ 压力信号触点	⑥ 压力组件
⑦ 加热器	⑧ 辅助开关	⑨ 辅助储压器
⑩ 压力表计	⑪ 分合闸压力组件	⑫ 油泵电机
⑬ 油泵	⑭ 手动泄压阀	⑮ 手动打压装置

A17 LW6B-252型SF$_6$断路器机构

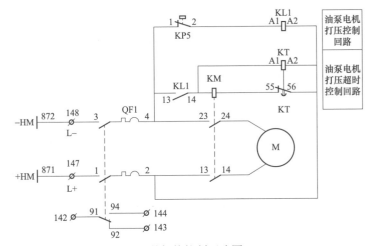

开关机构控制回路图

① 油泵电机	② 储压器	③ 计数器、分合开关
④ 温控器	⑤ 三相插座	⑥ 交流电源
⑦ 油泵电源	⑧ 加热器电源	⑨ 交流接触器
⑩ 时间继电器	⑪ 直流接触器	⑫ 合闸线圈
⑬ 闸线圈	⑭ 补油装置	⑮ 常压油箱
⑯ 压力信号触点	⑰ 压力组件	⑱ 油泵
⑲ 压力表	⑳ 辅助开关	

A18　LTB245E1 型 SF$_6$ 断路器机构

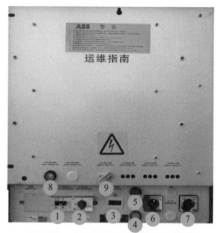

① 加热器电源
② 电机电源
③ 计数器
④ 合闸指示灯红灯
⑤ 分闸指示灯绿灯
⑥ 分/合闸转换开关
⑦ 远控/就地转换开关
⑧ 复位按钮
⑨ 投切压板

⑩ 加热器
⑪ 辅助/微动开关
⑫ 合闸线圈
⑬ 分闸线圈
⑭ 储能电机
⑮ 分合闸拐臂
⑯ 缓冲器
⑰ 带辅助触点

A19 ZHW5-126型组合式电器机构

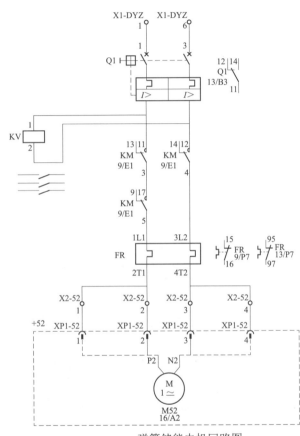

弹簧储能电机回路图

① 储能电机　　② 跳闸线圈　　③ 合闸线圈　　④ 微动开关　　⑤ 辅助触点
⑥ 储能/合闸弹簧　⑦ 分闸弹簧及缓冲器　⑧ 加热器　　⑨ 分/合闸拐臂

A20　LW36–405–31.5型SF₆断路器机构

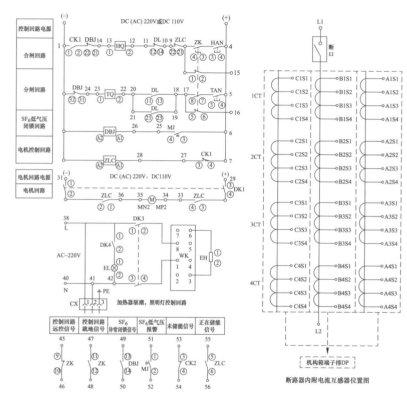

LW36-40.5 SF$_6$断路器电气原理图（OSR.352.031）

① 电机电源	② 加热器电源	③ 照明电源	④ 三相插座
⑤ 分闸按钮	⑥ 合闸按钮	⑦ 远方/就地操作开关	⑧ 分闸线圈
⑨ 合闸线圈	⑩ 手动储能	⑪ 凝露温控器	⑫ 辅助开关

附录B

二次设备图库

B1 站控层网络屏

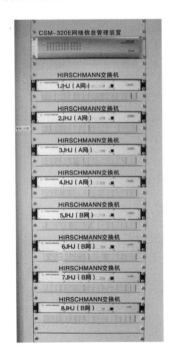

装置说明：CSM-320E 网络信息管理装置为变电站自动化信息综合管理设备，主变压器用于多路远动、规约转换、简单的当地监控等功能。1JHJ～8JHJ 为电口交换机，主要用于站控层数字传输。

1JHJ——公用数字传输

2JHJ——220kV 线路母线数字传输

3JHJ——主变压器数字传输

4JHJ——110kV 线路数字传输

5JHJ——公用数字传输

6JHJ——220kV 线路数字传输

7JHJ——主变压器数字传输

8JHJ——110kV 数字传输

B2 调度通信屏

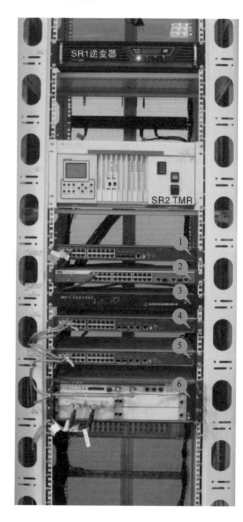

装置说明：

① SR7 省调接入网实时交换机

② SR8 省调接入网非实时交换机

③ SR3 协议转换器

④ SR4 实时交换机

⑤ SR5 非实时交换机

⑥ SR6 路由器

B3 远动屏

装置说明：CSC-1321 远动装置主要用于电力系统厂站端设备与调度主站进行通信。

主要实现以下功能：

（1）综自站间隔层通信管理机，将其他任意规约转换成 CSC 2000 规约。

（2）任意两种通信规约之间转换的规约转换器。

（3）IEC 61850 网关，将其他通信规约转换成 IEC 61850。

（4）综自站的远动工作站。

B4 220kV 过程层 GOOSE 屏

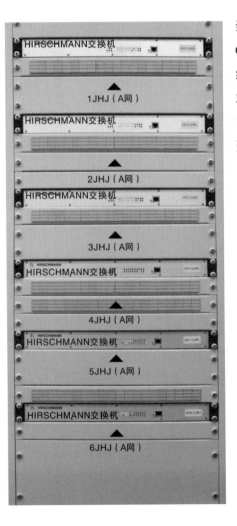

装置说明：220kV 过程层 GOOSE 屏由光口交换机组成，主要用于智能变电站过程层数据传输。1JHJ～6JHJ 分别为光口交换机。

B5 主变压器保护屏

1FA
信号
复归

1. 装置说明

CSC-326 装置为数字式变压器保护装置，采用主后一体化的设计原则，主要适用适用于数字化变电站。该装置位于变电站的间隔层，向上通过以太网与变电站层的监控、远动、故障信息子站等设备通信，向下能与过程层的合并单元、智能单元等设备进行通信。装置支持采样值（SV）和面向通用对象的变电站事件（GOOSE）功能，支持直接采样和直接跳闸等功能。

2. 压板说明

1KLP——CSC-326/E 1 号主变压器保护 A 屏检修状态压板，正常运行退出，检修时投入。

3. CSC-326 数字式变压器保护装置指示灯说明

"保护运行"——正常运行时绿灯常亮，熄灭表示装置存在故障。

"差动动作"——正常运行时灭，相应保护动作后亮红灯。

"后备动作"——正常运行时灭，相应保护动作后亮红灯。

"过负荷"——正常运行时灭，过负荷时亮红灯。

"TV 断线"——正常运行时灭，TV 断线时亮红灯。

"TA 断线"——正常运行时灭，TA 断线时亮红灯。

"装置告警"——正常运行时灭，装置告警后亮红灯。有"装置告警"时（严重告警），此灯为闪亮，闭锁保护出口正电源退出所有保护功能；有"运行异常"时（设备异常告警），此灯为常亮，仅退出相关保护功能（如 TV 断线后退出相应方向元件等），不闭锁保护正电源。

B6 220kV 线路保护屏

1. 装置说明

CSC-103B/E 装置为数字式超高压线路保护装置，装置主保护为纵联电流差动保护，后备保护为三段式距离保护、两段式零序方向保护及零序反时限保护。

CSI-200E 装置为数字式综合测量控制装置。

2. 压板说明

1KLP1——CSC-103B/检修状态投入，正常运行退出，检修时投入。

21KLP——测控检修状态投入，正常运行退出，检修时投入。

3. CSC-103B 装置指示灯说明

"运行"——正常运行时绿灯常亮，红灯表示线路故障。

"充电"——重合闸功能投入，重合闸充电完成后绿灯亮，重合闸功能退出，指示灯熄灭。

"跳 A（BC）"——正常运行时灭，开关跳闸后红灯亮。

"重合"——正常运行时灭，重合闸动作后红灯亮。

"通道告警"——正常运行时灭，通信通道中断后红灯亮。

"告警"——严重告警告警灯闪亮，闭锁保护出口电源；设备异常告警灯常亮，仅退出相关保护功能（如 TV 断线），不闭锁保护出口电源。

4. CSI-200E 装置指示灯说明

"运行"——正常运行时绿灯常亮，熄灭表示装置故障。

"告警"——正常运行时灭，灯亮表示装置内部故障。

"解锁"——绿灯亮表示进入解锁状态，操作断路器不经过测控"五防"。

"就地"——远方/就地方式开关置"就地"位置时，"就地"指示灯亮，表示只能在测控装置上通过分合闸开关操作断路器，远方操作（如通过监控后台或调度端操作）功能被闭锁。

B7 220kV 母线保护屏

1. 装置说明

WMH-800B/G 装置为数字式母线保护装置。保护装置用于智能变电站，满足"直采、直跳"接口要求，也支持 SV 过程层网络接收及 GOOSE 网络跳闸模式。

2. 压板说明

1KLP——保护装置检修状态压板，设备检修时加用。

3. WMH-800B/G 装置指示灯说明

"CPU 运行"——监视保护 CPU 的运行情况，正常运行时绿灯亮，保护运作时闪烁。

"启动"——保护启动时黄灯亮。

"差动动作"——差动保护动作时亮红灯。

"母线互联"——隔离开关双跨、投入互联压板、母联 TA 断线或母联品质异常时黄灯亮。

"跳母联"——母线保护动作跳母联时，红灯亮。

"位置异常"——接于母线的间隔，隔离开关、母联位置异常或电流校核不平衡时红灯亮。

"失灵动作"——失灵保护动作时红灯亮。

"运行异常"——元件 TA 断线、各母线 TV 断线（复合电压闭锁动作）时红灯亮。

"检修状态"——投入检修压板时黄灯亮。

"告警"——装置软硬件告警信息，如程序自检错、AD 出错、RAM 出错、5V 电源出错、EEPROM 出错、开出自检错、定值越限告警、定值自检错等。

B8　GPS 对时屏

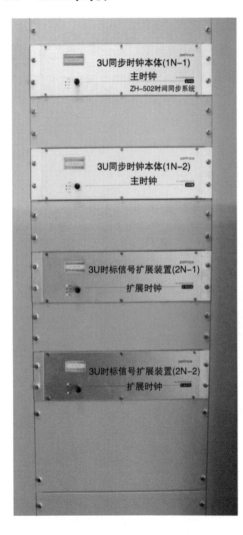

GPS 对时装置说明：ZH-502 时间同步系统能接收北斗以及 GPS 信号，以 R|G-B 码、脉冲空触点、ZH-502 时间同步系统可同时接收 GPS、北斗卫星导航系统、IRIG-B（DC）码及 SNTP 时间网络服务器发送的时间信息作为时间基准信号，产生并输出与 UTC 保持同步的 RG-B 码、IPPs/1PPM/1PPH 脉冲码、串口时间报文，提供 NTP/SNTTP 网络时间服务器功能，向电力系统各种系统和自动化装置提供准确的时间信息和同步信息。装置由主钟和扩展钟组成。主钟分为 GPS 接收主钟和北斗接收主钟。

1N——1：GPS 接收主钟

1N——2：北斗接收主钟

2N——1：GPS 扩展装置

2N——2：北斗扩展

B9　220kV 公用测控屏

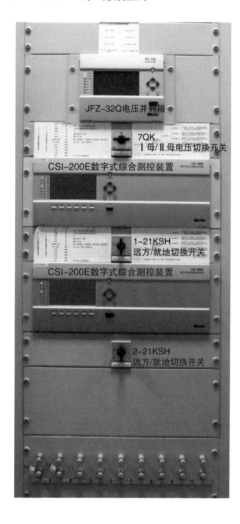

1. 装置说明

CSI-200E 装置为数字式综合测量控制装置。

JFZ-32Q 装置为电压并列装置。

2. CSI-200E 装置指示灯说明

"运行"——正常运行时绿灯常亮，熄灭表示装置故障。

"告警"——正常运行时灭，灯亮表示装置内部故障。

"解锁"——绿灯亮表示进入解锁状态，操作断路器不经过测控"五防"。

"就地"——远方/就地方式开关置"就地"位置时，"就地"指示灯亮，表示只能在测控装置上通过分合闸开关操作断路器，远方操作（如通过监控后台或调度端操作）功能被闭锁。

3. JFZ-32Q 电压并列装置指示灯说明

"Ⅰ母运行"——1 号母线运行（该信号取Ⅰ段母线 TV 隔离开关位置信号）时，绿灯亮。

"Ⅱ母运行"——2 号母线运行（该信号取Ⅱ段母线 TV 隔离开关位置信号）时，绿灯亮。

"电压并列"——1 号母线与 2 号母线并列运行时，绿灯亮。

B10 网络报文分析仪屏

同电南思

装置说明：NSAR500 网络报文分析系统是数字化变电站通信在线监视系统，可对网络通信状态进行在线监视，并对网络通信故障及隐患进行告警，有利于及时发现故障点并排查故障；同时能够对网络通信信息进行无损失全记录，以便于重现通信过程及故障。系统 IEC 61850 通信协议在线解析，能够以可视化的方式展现"数字式二次回路"的状态，并发现二次设备信号传输异常，还能够对由于通信异常引起的变电站运行故障进行分析。

B11 故障录波分析屏

装置说明：ZH-3D 装置为电力系统数字故障录波分析装置，可以接入数字化变电站的过程层网络的 SAV（采样值）报文和 GOOSE（变电站状态事件）报文。ZH-3D 装置硬件系统主要由管理机单元、数字式录波单元、报文集中器以及必要的网络附件组成。ZH-3D 电力系统数字故障录波分析装置硬件系统逻辑结构图如下。

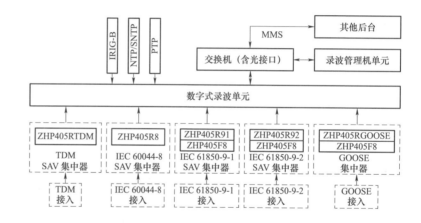

B12 220kV 母线智能组件柜

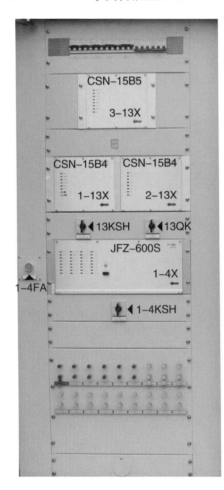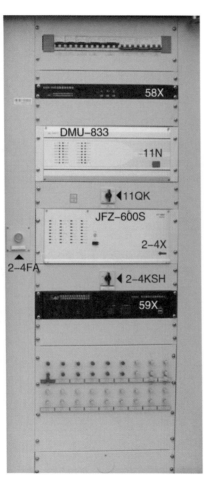

装置说明：CSN-15B、DMU-833 装置为数字式合并单元。主要任务是同步采集互感器电流和电压，并按照时间相关组合将模拟量转换成数字量的单元。按用途分可分为间隔合并单元和母线合并单元。间隔合并单元仅采集电流量，电压量采集由母线合并单元完成，间隔合并单元通过与母线合并单元级联方式获取电压量。

JZF-600S 为数字式智能终端。实现一次设备状态量转换和一次设备控制的智能单元。用电缆与一次设备连接，采集一次设备的状态量，用光纤与二次设备连接传递保护装置跳合闸命令、测控装置操作命令的智能单元，具有传统操作箱功能和部分测控功能。

B13 220kV 线路智能组件柜

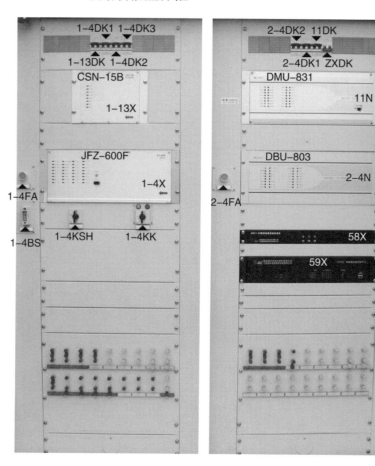

装置说明：

CSN-15B、DMU-831 装置为数字式合并单元。

DBU-803 装置为数字式智能终端。

过程层智能终端接线示意图如下：

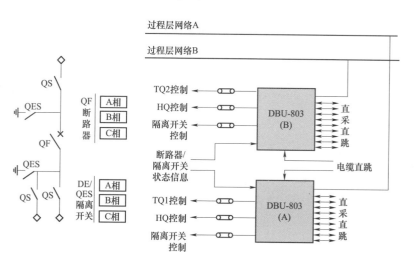

B14 直流系统屏

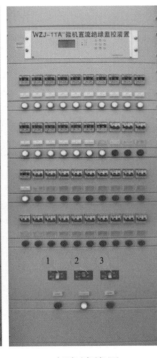

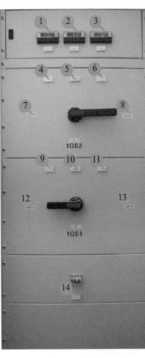

直流充电屏　　　　　　直流馈线屏　　　　　　直流联络屏

1. 直流充电屏

① 1 号交流线电压

② 1 号整流器电压

③ 1 号整流器电流

④ WZCK23 微机直流监控装置

⑤～⑪ ZzG23A—20220 高频开关整流器

2. 直流馈线屏

① 备用

② 直流分馈线柜 1

③ 直流分馈线柜 2

3. 直流联络屏

① 2 号蓄电池电压表　　⑧ 2 号母线—2 号蓄电池

② 2 号蓄电池电流　　　⑨ 至 2 段直流母线

③ 2 级母线电压　　　　⑩ 停止位置

④ 至 1 段直流母线　　　⑪ 至 2 段充电母线

⑤ 停止位置　　　　　　⑫ 2 号母线—2 号充电机

⑥ 至 2 段充电母线　　　⑬ 2 号充电机—2 号蓄电池

⑦ 1 号母线 2 号母线　　⑭ 2 号蓄电池试验开关

B15　蓄电池组

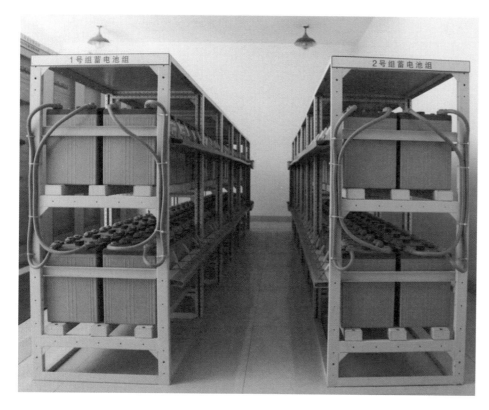

装置说明：

1 号组蓄电池组

组数：103 组

型号：DJ500（2V500AH）

2 号组蓄电池组

组数：103 组

型号：DJ500（2V500AH）